FIP

Feline Infektiöse Peritonitis

Infektion • Symptome • Diagnose • Prophylaxe

INHALT

Infektion

Diagnostik

Prophylaxe

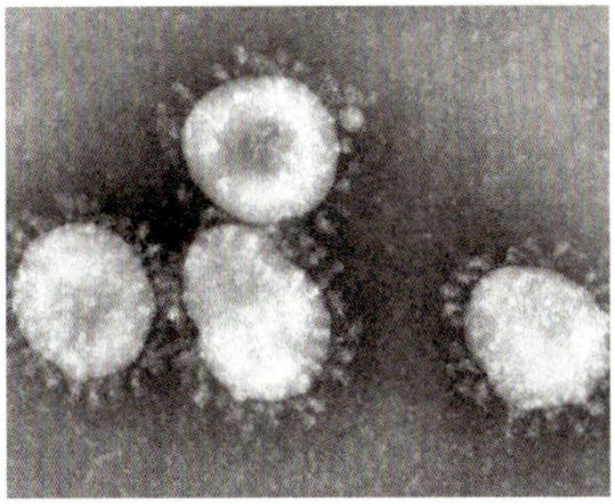

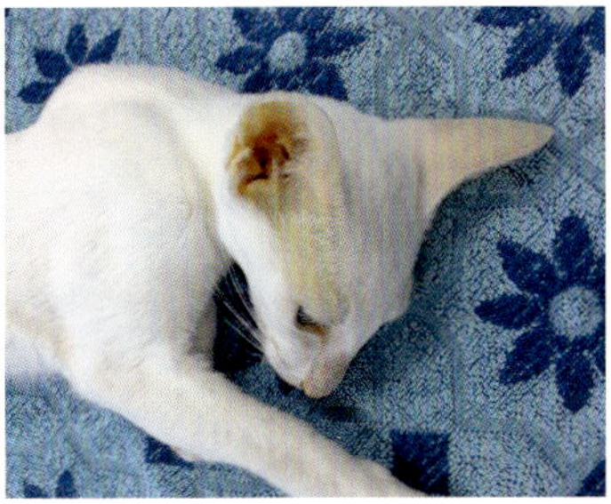

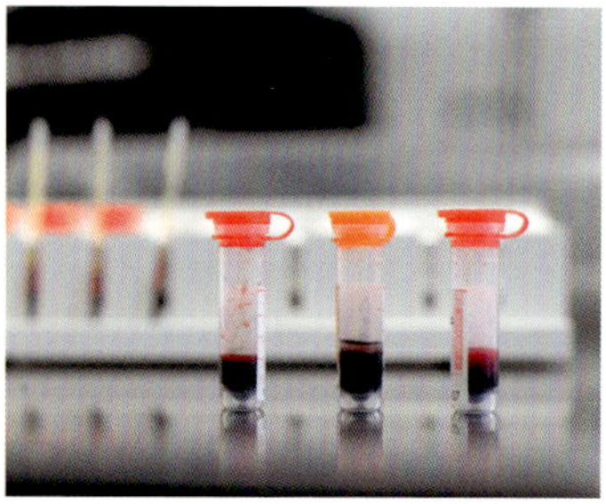

31 Blutuntersuchung

Welcher Bluttest ist aussagekräftig hinsichtlich einer FIP-Infektion? Wie sinnvoll ist die Suche nach dem potentiell FIP-auslösenden Coronavirus?

34 FIP-Test

Der vermutlich berühmteste Test in der Katzenmedizin. Was sagt er uns? Hat eine Katze mit einem positiven Testergebnis tatsächlich FIP und wird sie daran sterben?

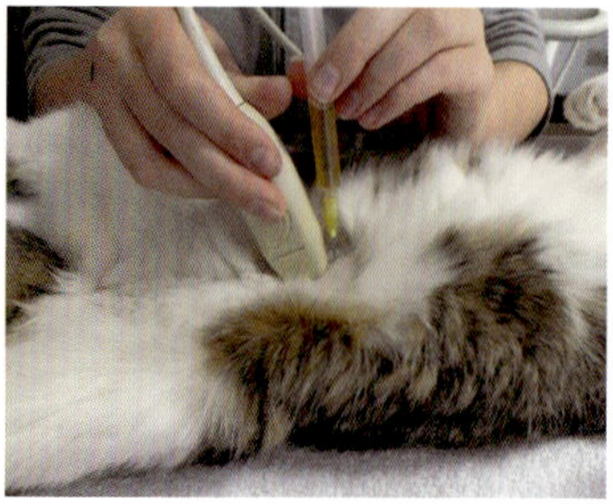

36 Punktatuntersuchung

Ein Erguss in die Bauchhöhle oder den Brustkorb ist ein typisches Anzeichen einer FIP. Doch es gibt auch andere Erkrankungen, die dazu führen können.

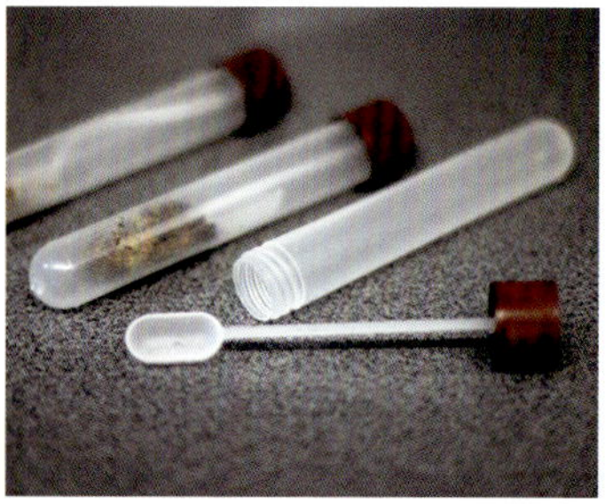

40 Kotuntersuchung

Das Coronavirus wird hauptsächlich über den Kot ausgeschieden und übertragen. Ist die Kotuntersuchung aussagekräftig bzw. aufschlussreich hinsichtlich einer FIP?

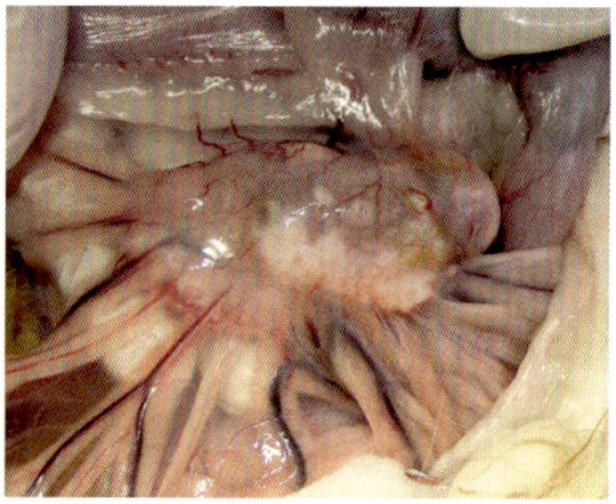

42 Gewebeuntersuchung

Hierbei handelt es sich um einen invasiven Eingriff, der jedoch unter Umständen sinnvoll sein kann. Dabei wird der Katze eine Organgewebeprobe entnommen.

45 Infektionsvermeidung

Es gibt eine ganz einfache, aber fast nicht umsetzbare alltagstaugliche Regel: Holen Sie sich nur eine Katze ins Haus, die noch nie Kontakt zu dem Coronavirus hatte.

Infektion

Infektionen kommen bei Katzen häufig vor, insbesondere dort, wo viele Tiere auf engem Raum zusammenleben. Es sind hauptsächlich die Viren, die es unseren Katzen nicht leicht machen und für eine Vielzahl unterschiedlicher, teils todbringender Erkrankungen verantwortlich sind. Der Nachweis von Viren gelingt je nach Virusart durch Tupferprobenentnahmen oder Biopsien. Aber auch im Kot, in Körperhöhlenergüssen sowie Gehirnwasser, Blut und Organen können Viren vorkommen.

Viren bei Katzen

Katzen scheinen eine große Anziehungskraft auf Viren zu haben. Es vergeht kaum ein Tag, an dem nicht eine Katze mit einem schweren viralen Infekt beim Tierarzt vorgestellt wird. Nicht alle Viren führen zwangsläufig zu lebensbedrohlichen Erkrankungen, dennoch sind alle in der Lage, unter bestimmten Voraussetzungen der Katze das Leben sehr schwer zu machen. Das Herpesvirus, das Calicivirus, das Leukämie-Virus, das Immundefizienz- Virus und natürlich der Protagonist dieses Ratgebers, das Coronavirus, sind häufig vorkommende katzentypische Viren, die ausschließlich von Katze zu Katze übertragen werden. Für den Menschen besteht in der Regel keine Ansteckungsgefahr. Auch die Tollwut wird von einem Virus übertragen, wenngleich dieses in unseren Breiten für die Katze deutlich weniger bedeutsam ist als die zuvor genannten. Das Tollwutvirus beschränkt seine Infektionswirkung allerdings nicht auf die Katze, sondern kann auch den Menschen und die meisten anderen Tiere todbringend infizieren.

Das Coronavirus ist das mit Abstand am häufigsten bei der Katze festgestellte Virus. Auch die Erreger des Katzenschnupfens, ebenfalls größtenteils Viren, können bei vielen Katzen nachgewiesen werden, ohne dass diese ernsthaft erkrankt sein müssen.

Es sind gerade die unauffällig infizierten Katzen, d.h. ohne auffällige Symptome, die ein unerkanntes Erregerreservoir darstellen und so andere Katzen infizieren können, ohne dabei selber als Überträger erkannt zu werden.

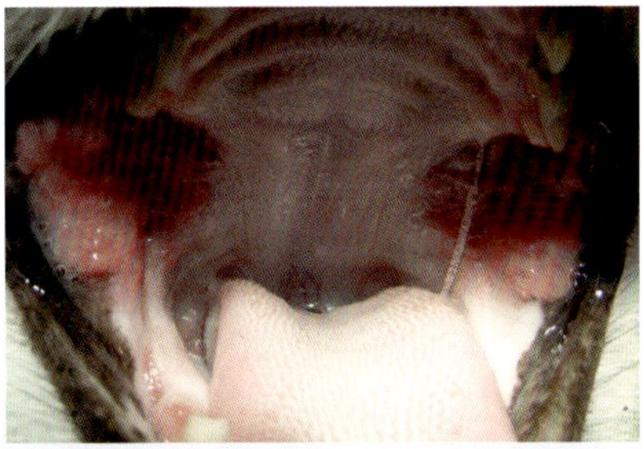

Das Herpesvirus als einer der Hauptverursacher des Katzenschnupfens, kann sich über lange Zeit unentdeckt mit nur sehr geringen bis gar keinen Symptomen in der Katze befinden. Sollte es sich jedoch aufgrund einer Immunsystemschwächung, wie sie in Stresssituationen auftreten kann, vermehren, kommt es zu Veränderungen an der Hornhaut des Auges oder zu schmerzhaften Veränderungen in der Mundhöhle. Das Bild zeigt eine 2-jährige Katze mit einer Herpesvirusinfektion im Rachenbereich.

VIREN

Was sind das für Erreger, die unseren Katzen das Leben schwer machen? Aufgrund der Häufigkeit ihres Vorkommens muss man sogar von den bedeutendsten Erregern bei Katzen sprechen. Ein Virus ist ein Partikel, das weder mit dem bloßen Auge noch mit dem Mikroskop zu erkennen ist, aber dennoch großes Leid hervorrufen kann. Im Gegensatz zu Mensch, Katze, Pflanze, Pilz und Einzeller zählt man die Viren nicht zu den echten Lebewesen. Eine Verwandtschaft mit lebendigen Mikroorganismen wie beispielsweise Bakterien ist jedoch nicht zu leugnen. Die entscheidenden Kriterien, die das Leben ausmachen, fehlen den Viren jedoch.

Wer würde vermuten, dass sich in einer Katze Herpesviren, Caliciviren, Leukämieviren, Immundefizienzviren und auch noch Coronaviren besonders wohl fühlen? Es ist äußerst selten, dass in nur einer Katze alle Viren auf einmal nachgewiesen werden können, aber möglich wäre es.

Viren leben nicht

Wir sind von Viren umgeben. An jeder Türklinke, auf jedem Blatt Papier und sogar an Ihrer Hand befinden sich Viren. Nicht alle müssen uns krank machen, viele tun es aber. Meist werden Viren in einem Atemzug mit Bakterien und Parasiten als die häufigsten Krankheitserreger genannt, obwohl sich diese grundlegend voneinander unterscheiden. Vereinfacht ausgedrückt ist ein Virus nichts anderes als eine Nukleinsäure, die den Stoffwechsel einer befallenen Zelle derart steuert, dass es sich in ihr vermehren kann. Ein Virus benötigt demnach immer eine andere Zelle, um Schaden anrichten zu können. Viren besitzen nicht die bei ein- oder mehrzelligen Lebewesen vorkommenden Zellbestandteile, so dass sie nicht in der Lage sind, Eiweiße herzustellen, Energie zu gewinnen oder sich eigenständig zu vermehren. Aufgrund ihrer Einfachheit, einhergehend mit beeindruckender Effektivität hinsichtlich ihres Wirtszellenbefalls und rasanter Vermehrung, ist es bei einer Vielzahl von Viren schwierig, ihnen wirkungsvolle Medikamente entgegenzusetzen.

FELINES CORONAVIRUS

Das Coronavirus wird umgangssprachlich fälschlicherweise als FIP-Virus bezeichnet. Ein solches eigenständiges Virus gibt es jedoch nicht. Die FIP wird unter ungünstigen Bedingungen durch das feline Coronavirus ausgelöst. Während es bei den einen Katzen zu einer FIP-Infektion führt, kann es bei anderen Katzen Durchfälle unterschiedlicher Intensität und Dauer hervorrufen. Manche Katzen lassen sich dagegen die Infektion mit dem Coronavirus nicht anmerken; ihr Immunsystem kann das Virus eliminieren, als wäre nichts geschehen. Diese Wandelbarkeit macht das feline Coronavirus zu einem schwer einschätzbaren und sehr gefährlichen Gegner. Wer die Krankheit verstehen will, sollte das Virus kennen.

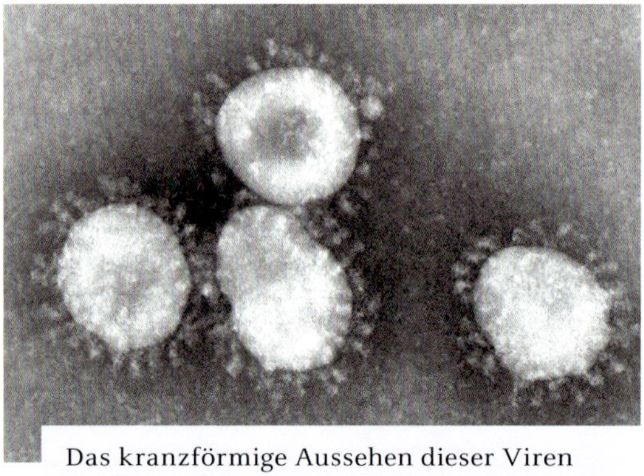

Quelle: http://commons.wikimedia.org/wiki/File:Coronaviruses_004_lores.jpg

Das kranzförmige Aussehen dieser Viren hat ihnen ihren Namen verliehen. Das Wort Corona entstammt dem Lateinischen und bedeutet Kranz bzw. Krone. Allerdings kann diese charakteristische Erscheinung erst unter dem Elektronenmikroskop sichtbar gemacht werden.

Was ist ein Coronavirus?

Die Familie Coronaviridae bildet mit der Familie Arteriviridae die Ordnung Nidovirales. Zur Familie der Coronaviridae gehören die Gattungen Coronavirus und Torovirus. Es handelt sich um behüllte einzelsträngige RNA-Viren mit einem Durchmesser von 60-200 nm. Ein nm (Nanometer) entspricht einem Millionstel Millimeter. Das Genom ist positiv-strängig, nicht segmentiert und besteht aus ca. 30.000 Nukleotiden. Auf ihrer Oberfläche besitzen die Coronaviren ca. 20 nm lange Auswüchse, die ihnen ihr typisches Aussehen verleihen.

Sie verursachen verschiedene Erkrankungen bei Säugetieren und Vögeln, wie die Transmissible Gastroenteritis des Schweins, Durchfallerkrankungen beim Rind und die Infektiöse Bronchitis des Huhns. Beim Menschen verursachen sie Durchfälle, Atemwegserkrankungen bis hin zum schweren akuten Atemwegssyndrom.

Seit wann kennt man das Coronavirus?

Im Jahre 1968 wurde ein Virus bei erkrankten Katzen nachgewiesen, das aufgrund seines auffälligsten hervorgerufenen Symptoms, der Entzündung des Bauchfells, als Felines Infektiöses Peritonitis-Virus bezeichnet wurde. Erst Ende der 1970er Jahre konnte dieses Virus den Coronaviren zugeordnet werden. Es wurde zunächst angenommen, dass zwei Coronavirusarten bei Katzen existieren. Zum einen das häufig vorkommende normale Coronavirus, das keine schwerwiegende Erkrankung oder höchstens Durchfall hervorruft und nur im Darmtrakt und den regionalen Lymphknoten vorkommt. Zum anderen gibt es das seltenere Coronavirus, das eine tödliche Krankheit auslöst und sich in bestimmten Zellen, den sogenannten Makrophagen und Monozyten, gut vermehrt. Durch die immense Zunahme medizinischen Wissens und den Verbesserungen in den Bereichen Mikroskopie, Elektronenmikroskopie, Genetik und Virologie konnte das geheimnisvolle Virus entschlüsselt werden. 1987 wurde erstmals der Verdacht geäußert, dass diese beiden unterschiedlichen Coronaviren ein und dasselbe Virus darstellen und sich nur hinsichtlich

Die Europäische Wildkatze: Sie ist keine verwilderte Hauskatze, so streifte sie doch schon vor dem Einfall der Römer durch unsere Wälder. Knochenfunde belegen, dass bereits vor mehr als 300.000 Jahren Wildkatzen von Jägern getötet wurden. Ursprünglich kam die Wildkatze in ganz Deutschland vor, heute gibt es hier noch etwa 7.000 dieser sehr scheuen Tiere. Die FIP ist jedoch nicht der Auslöser für ihre Dezimierung. Warum aber sind unsere Hauskatzen von FIP bedroht und nicht ihre wildlebenden Verwandten? Ganz einfach: Die Wildkatze vergräbt ihren Kot und geht nicht mehr an diese Stelle zurück. Im weiteren Verlauf dieses Ratgebers werden Sie verstehen, warum dieses Verhalten der freilebenden Katzen lebensrettend sein kann.

ihrer krankmachenden Eigenschaften unterscheiden. Erst im Jahre 1998 gelang es einer Forschungsgruppe zu beweisen, dass das die FIP auslösende Coronavirus lediglich eine Mutation des durchfallauslösenden Coronavirus darstellt. Seit dem Jahr 2000 wird der Erreger einheitlich als Felines Coronavirus (FCoV) bezeichnet. Bis heute hat sich das Virus etwas Rätselhaftes erhalten.

Wo kommt das Virus vor?

Feline Coronaviren kommen ohne Ausnahme auf der ganzen Welt vor. An der FIP können nicht nur unsere Hauskatzen erkranken, sondern auch Leoparden, Löwen, Geparden, Luchse und Wildkatzen. Insbesondere dort, wo viele Tiere eng zusammenleben, kommt das FCoV gehäuft vor. Ungefähr 50 % aller Katzen in Deutschland haben Antikörper gegen Coronaviren; diese Katzen hatten schon einmal in ihrem Leben Kontakt mit dem FCoV.

In der Schweiz sind 80 % aller Zuchtkatzen und 50 % aller freilaufenden Katzen FCoV-Antikörper-positiv. Untersuchungen in Katzenauffangstationen haben gezeigt, dass zu Beginn nur 10 bis 15 % der Wildfänge Antikörper gegen FCoV besitzen, aber bereits nach kurzem Aufenthalt nahezu 100 %. Der Hauptübertragungsweg des Virus verläuft über Kontakt mit Kot, aber auch über den Speichel ist eine Übertragung möglich. Scheidet eine Katze das Virus mit dem Kot aus, ist die Wahrscheinlichkeit sehr groß, dass sich durch das Benutzen derselben Katzentoilette alle anderen Katzen mit dem Virus infizieren können.

Wo kommt das Virus selten vor?

Überall dort, wo Katzen alleine leben und sich keine Ess-, Trink- und Kotplätze mit anderen Katzen teilen, sind Infektionen mit dem Coronavirus selten. Je mehr Katzen zusammenkommen, desto höher ist die Wahrscheinlichkeit, dass eine von ihnen das Virus ausscheidet und somit die anderen infiziert. Ein allein lebender Freigänger, der seinen Toilettengang draußen erledigt und sein Essen und Trinken zu Hause einnimmt, läuft am wenigsten Gefahr, sich mit dem Virus anzustecken.

Was sind Antikörper?

Antikörper sind körpereigene Eiweiße, die von Katzen, aber auch von allen anderen Wirbeltieren als Reaktion auf bestimmte Stoffe (sogenannte Antigene) gebildet werden.
In unserem Fall stellen die Coronaviren das Antigen dar, gegen das vom Immunsystem Antikörper gebildet werden. Die so entstandenen Antikörper binden die Antigene, also die Viren, sodass diese keinen weiteren Schaden anrichten können. Der Nachweis von Antikörpern im Blut sagt jedoch nichts darüber aus, ob das Virus noch vorhanden ist oder nicht. Der Antikörpernachweis dient lediglich zur Klärung, ob zuvor eine Infektion vorgelegen hat oder nicht. Nicht immer können Antikörper die Auswirkungen einer Infektion verhindern, wie leider deutlich an der FIP zu sehen ist.

Was sind Antigene?

Das Coronavirus stellt mit dem Eintritt in die Blutbahn der zu infizierenden Katze das Antigen dar. Die körpereigene Abwehr der Katze reagiert auf den Eindringling mit der Bildung von Antikörpern. Das Antigen soll dadurch eliminiert werden.

Wie wird das Virus nachgewiesen?

Die Polymerasekettenreaktion (PCR) stellt ein Nachweisverfahren dar, mit dem sehr kleine Mengen viraler Substanzen in Geweben, Körperflüssigkeiten und im Kot nachgewiesen werden können. Die PCR unterscheidet aber nicht zwischen FIP-verursachenden und harmlosen FCoV-Stämmen. Im Gegensatz zum Antikörpernachweis, bei dem immer nur eine frühere Konfrontation des Immunsystems mit einem Coronavirus nachgewiesen werden kann, zeigt der direkte Virusnachweis eine akute Infektion an.

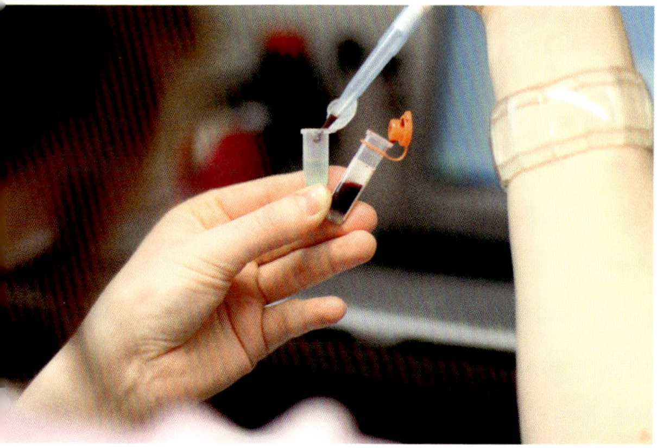

Was ist ein Coronavirus-Titer?

Ein sogenannter Titer ist in der Medizin ein Maß für eine Konzentration, z. B. eines Antikörpers. Die Titerbestimmung erfolgt durch die fortlaufende Verdünnung einer Probe (beispielsweise Blut). Mit jeder Verdünnungsstufe wird ein Test durchgeführt, der die nachzuweisende Substanz, hier Virusantikörper, erkennt. In der Regel wird in Zweierstufen verdünnt, d. h. Verdünnungen von 1:2, 1:4, 1:8, 1:16, 1:32 usw. Die weitestgehende Verdünnung, bei der noch eine Reaktion nachweisbar ist, wird als Titer angegeben. Ein positiver Titer besagt zunächst einmal, dass die Katze Kontakt mit Coronaviren hatte. Ob sie an einer FIP erkranken wird oder schon erkrankt ist, kann daraus nicht geschlossen werden. Bei einer erkrankten Katze finden sich oft nur niedrige bis gar keine Antikörpertiter, weil es zu einer Bindung der Antikörper in Immunkomplexen gekommen ist und diese nicht mehr nachweisbar sind.

Was ist ein FIP-Titer?

Die Bezeichnung ist nicht korrekt, wird aber umgangssprachlich fälschlicherweise als gleichbedeutend mit dem Coronavirus-Titer verwendet. Es kann keinen FIP-Titer geben, weil dafür die Antikörper mengenmäßig im Blut bestimmt werden müssten, die an das mutierte Virus gebunden sind. Da sich jedoch die mutierten Viren in den Makrophagen befinden und sich die im Blut befindlichen Coronavirus-Antikörper nur an das normale Coronavirus binden können, ist die Bestimmung eines FIP-Titers unmöglich.

Kann das mutierte Virus erkannt werden?

Nein. Könnte man sowohl das mutierte, also das FIP auslösende Virus, und das eigentlich harmlose Coronavirus derart vergrößern, dass man es in den Händen halten könnte, würde man zwischen diesen beiden Viren keinen Unterschied erkennen. Lediglich die Eigenschaft des mutierten Virus, in Makrophagen einzudringen, erlaubt eine Unterscheidung. Somit kann leider nur durch das Verhalten des Virus eine Aussage hinsichtlich seiner krankmachenden Eigenschaften getroffen werden. Dann ist es aber bereits zu spät.

Warum mutiert das Coronavirus?

Die FIP entsteht, wenn es während der Virusvermehrung zu einer Mutation in bestimmten Genabschnitten kommt. Erst durch diese Mutation ist das Virus in der Lage, sich in Makrophagen zu vermehren und lebensbedrohliche Symptome hervorzurufen. Die Wahrscheinlichkeit einer Virusmutation steigt durch begünstigende Faktoren wie beispielsweise ein eingeschränkt funktionierendes Immunsystems. Hier sind insbesondere junge und alte Katzen gefährdet, aber auch Katzen, deren Immunsystem durch äußere Einflüsse wie Stress oder die Gabe von Kortison beeinträchtig ist. Eine zusätzliche Infektion mit dem felinen Leukämievirus und dem felinen Immundefizienzvirus kann ebenfalls die Mutationsrate erhöhen. Aber auch die sich dauerhaft wiederholende Infektion mit dem Coronavirus auf der Katzentoilette – sei es durch den eigenen oder den Kot anderer Katzen – erhöht die Wahrscheinlichkeit einer Virusmutation, und somit das Risiko, an der FIP zu erkranken.

INFEKTIONSRISIKO

Zunächst einmal muss zwischen zwei Infektionsverläufen unterschieden werden. Jede Katze, die eine FIP entwickelt, hat zuvor eine Coronavirusinfektion durchlaufen. Aber nicht jede Katze, die mit dem Coronavirus in Kontakt gekommen ist, erkrankt an einer FIP. Deshalb ist es interessant zu wissen, wie hoch die Wahrscheinlichkeit ist, dass sich eine Katze überhaupt mit dem Coronavirus infiziert. Da aber alle Katzen, die Kontakt zum dem Coronavirus haben oder hatten auch an einer FIP erkranken könnten, interessiert natürlich auch dieses Risiko. Wichtig ist zunächst zu verstehen, dass sich keine Katze mit der FIP anstecken kann, sondern nur mit dem felinen Coronavirus. Das ist erschreckenderweise sehr häufig anzutreffen.

Wo kommt das Coronavirus vor?

Eine Übertragung des mutierten und somit FIP verursachenden FCoV ist bisher nicht nachgewiesen worden. Deshalb muss davon ausgegangen werden, dass ausschließlich das nicht mutierte (somit das nicht die FIP auslösende) Coronavirus übertragen wird. Der Hauptübertragungsweg des FCoV stellt der Kontakt mit Kot einer infizierten Katze dar. Dabei ist es noch völlig offen, ob diese das Virus ausscheidende Katze jemals eine FIP entwickeln wird oder sogar das Virus selbstständig eliminieren kann. In sehr geringen Mengen kann das Virus auch in Körperflüssigkeiten wie beispielsweise Speichel enthalten sein. Auch wenn das FCoV durch einfache Hygienemaßnahmen zerstört werden kann, bleibt es bei Raumtemperatur bis zu sieben Wochen infektiös. Deshalb kann der Erreger auch durch Kleidungsstücke und Gegenstände übertragen werden. Eine Übertragung von der Mutterkatze auf den noch ungeborenen Welpen scheint keine Rolle zu spielen. Auffallend häufig infizieren sich Katzen dort, wo mehrere Katzen vorkommen und sich Katzentoiletten teilen müssen. Mehrkatzenhaushalte, Tierheime und Katzenzuchten stellen hier die drei häufigsten Infektionsorte dar. Meist infizieren sich die Welpen im Alter von sechs bis acht Wochen direkt bei der Mutter oder anderen das FCoV ausscheidenden Katzen, mit denen sie zusammenleben. Es ist also eindeutig hervorzuheben, dass überall dort, wo mehrere Katzen zusammenleben und gemeinsame Toiletten nutzen, das FCoV mit einer sehr hohen Wahrscheinlichkeit vorkommt.

Man schätzt, dass in Mehrkatzenhaushalten, dazu zählt auch ein Großteil der Züchter und die meisten Tierheime, nahezu alle Tiere mit dem Virus infiziert sind. Das bedeutet aber nichts anderes, als dass mindestens eine der Katzen das Virus dauerhaft oder gelegentlich ausscheidet, und sich selber und die anderen regelmäßig infiziert.

Bei Geburten in Mehrkatzenhaushalten ist die Mutter nicht selten die Infektionsquelle für das FCoV. Durch das Verschwinden der maternalen Antikörper verlieren die Welpen ihren Schutz vor dem Virus im Alter von fünf bis sechs Wochen, aber auch bereits im Alter von zwei Wochen sind Infektionen schon nachgewiesen worden. Das Alter ist der Hauptrisikofaktor für die Entstehung einer FIP. 70 % der an FIP erkrankten Katzen sind jünger als ein Jahr. Aber auch 17-jährige Katzen können an der FIP erkranken.

Eine bisher auch in der Literatur vernachlässigte Infektionsquelle ist die Katzenpension. Dort kommen, zumindest in Gruppenhaltung, mehrere Katzen verschiedener Herkunft und Haltungsbedingungen zusammen. Da auch dort nicht jede Katze auf ihre eigene Toilette geht und die Wahrscheinlichkeit, dass beim Zusammentreffen mehrerer Katzen eine dabei ist, die das FCoV ausscheidet, recht hoch ist, wird auch hier das FCoV eine rasche Verbreitungsmöglichkeit finden. Das Immunsystem vieler Katzen ist in der Lage, innerhalb von Monaten bis Jahren das FCoV zu beseitigen und sogar wieder antikörpernegativ zu werden. Dies setzt aber voraus, dass sie dem Virus nicht dauerhaft ausgesetzt sind.

Wie hoch ist das Infektionsrisiko?

Das Risiko, sich mit dem FCoV zu infizieren, hängt von den Lebensumständen der Katze ab. Wird die Katze in einer Umgebung geboren, wo mehrere Katzen unter einem Dach leben, besteht eine fast 100 %ige Wahrscheinlichkeit, mit dem Virus in Kontakt zu kommen. Es sei denn, dass alle dortigen Tiere vor ihrer Zusammenführung ausreichend hinsichtlich der Coronavirusausscheidung getestet wurden und sichergestellt ist, dass keine der Katzen das Virus ausscheidet. Dies ist jedoch nur in den seltensten Fällen geschehen. Man schätzt, dass etwa ein Drittel der Katzen, die Kontakt zum FCoV hatten, den Erreger über Monate bis lebenslang ausscheiden. Diese Virusträger sind dann verantwortlich für die Infektion der anderen Katzen, mit denen sie zusammenleben. In etwa 50 % der untersuchten Kotproben konnte das FCoV nachgewiesen werden. Sie wurden aufgrund von dauerhaften oder immer wieder auftretenden Durchfällen durch ein Labor untersucht. Wie viele der mit dem eigentlich nicht tödlichen FCoV infizierten Katzen entwickeln aber eine FIP und sterben daran? Wäre das feline Coronavirus ähnlich todbringend wie beispielsweise das Feline Immundefizienzvirus, müsste man davon ausgehen, dass alle Katzen in Mehrkatzenhaushalten an diesem Virus sterben. Die Katzenpopulation würde drastisch reduziert werden. Nur 5 bis 10 % der in einem mit dem Coronavirus infizierten Haushalt lebenden Katzen sterben aber letztendlich an einer FIP. Absolute Sterbezahlen sind nicht bekannt, weil nicht genau bekannt ist, wie viele Katzen in Deutschland unter den Risikobedingungen eines Mehrkatzenhaushaltes leben. Schätzt man einmal sehr vorsichtig, dass nur 1 % der deutschen Katzen in einem Mehrkatzenhaushalt leben, dann wären dies bei insgesamt ca. 8 Millionen Katzen deutschlandweit etwa 80.000 Tiere. Selbst wenn wir anzweifeln, dass fast alle Katzen in einem Mehrkatzenhaushalt ohne Freigang mit dem Virus infiziert sind, und die Zahl auf 50 % reduzieren, entspräche dies 40.000 Katzen. Wenn von diesen nur 5 % an einer FIP sterben, wären dies 2000 Katzen. Wenn wir das Zahlenbeispiel so verändern, dass 10 % der deutschen Katzen in einem Mehrkatzenhaushalt leben und diese alle mit dem Virus infiziert sind, und von diesen 10 % an einer FIP sterben, erhalten wir sehr bedenkliche Zahlen. Egal, wie man es dreht und wendet: es wird schnell klar, welche Bedrohung dieses Virus darstellt.

Kann man selber etwas tun, um die Wahrscheinlichkeit einer Virusmutation bei FCoV positiven Katzen, und somit die FIP-Entstehung, zu reduzieren? Je weniger sich das Virus vermehrt, desto geringer ist die Gefahr, dass es dabei mutiert. Je geschwächter das Immunsystem der Katze ist, desto besser können sich die Viren vermehren. Eine wichtige Maßnahme ist sicherlich die Stressreduktion.

Der Umzug in ein neues Zuhause, der Zugang einer weiteren Katze, Operationen, Trächtigkeiten und das Immunsystem schwächende Medikamente können die Virusvermehrung und somit die Mutationsrate erhöhen. Doch gerade junge Katzen sind zwangsläufig stressigen Situationen ausgesetzt, steht ihnen doch meist ein Besitzerwechsel sowie die Kastration bevor.

INFEKTIONSVERLAUF

Das Coronavirus wird hauptsächlich mit dem Kot übertragen. Die Katzentoilette ist nicht nur der Ort, an dem die Infektion beginnt, sondern auch der Ort, an dem das größte Risiko der Übertragung gegeben ist. Eine Katze kann sich unter normalen Bedingungen nicht mit dem mutierten Coronavirus anstecken. Die Infektion erfolgt immer mit dem normalen FCoV. In wissenschaftlichen Studien zur Erforschung der FIP können gesunde Katzen mit dem mutierten Virus infiziert werden, wenn diesen das Bauchhöhlen- oder Brustkorbpunktat von an FIP erkrankten Katzen injiziert wird. Selbst eine schwer von der FIP gezeichnete Katze wird mit ihrem Kot keine mutierten Viren ausscheiden, sodass von ihr nicht mehr Gefahr ausgeht als von jeder anderen Coronavirus ausscheidenden Katze.

Da man das Virus weder riecht, sieht noch anderweitig erkennen kann, trügt die Idylle in vielen Fällen. Das Virus ist aber kein ausschließliches Problem von Katzenzüchtern. Da bei ihnen aber in der Regel die Hauptrisikogruppe, junge und ältere Katzen unter einem Dach, leben, scheinen Katzen vom Züchter besonders häufig zu erkranken.

Der erste Schritt

Der erste Kontakt einer Katze zum FCoV erfolgt oft bereits in den ersten Lebenswochen durch die Berührung mit Kot der Mutter oder anderen im Haushalt lebenden Katzen. Die Viren werden über die Nase und den Mund aufgenommen und gelangen über die Speiseröhre und den Magen in den Darm.

Das Virus im Darm

Nachdem das Virus seinen Weg in den Darm gefunden hat, befällt es im Dünndarm die sogenannten Enterozyten. Diese Darmzellen kleiden den Darm von innen aus. Ihre Hauptaufgabe besteht in der Aufnahme von Nahrungsbestandteilen über ihre Oberfläche. Dazu haben diese Zellen zur Darminnenseite hin viele kleine Auswüchse, die Mikrovilli, die die Darmoberfläche stark vergrößern, um möglichst viel Nährstoffe aufnehmen zu können. Das Virus dringt in die Darmzelle ein, vermehrt sich und wird durch das anschließende Absterben der Enterozyten freigesetzt. Die neuen Viren befallen einerseits erneut Darmzellen, andererseits gelangen sie aber mit dem Kot in die Umwelt und können andere Katzen infizieren. Je nach Menge der befallenen Darmzellen kommt es dabei zu mehr oder weniger stark ausgeprägten Durchfällen. Bei manchen Katzen sind keine Durchfälle vorhanden, obwohl das Virus ausgeschieden wird. Die Dauer der Virusausscheidung kann nicht vorhergesagt werden und ist von Katze zu Katze unterschiedlich. Auch eine lebenslange Ausscheidung mit oder ohne Durchfallsymptomatik ist möglich, ohne dass die Katze dabei selber an einer FIP erkranken muss. Im Falle einer Dauerausscheidung stellt sie jedoch ein lebenslanges Infektionsrisiko für alle anderen im gleichen Haushalt lebenden Katzen dar.

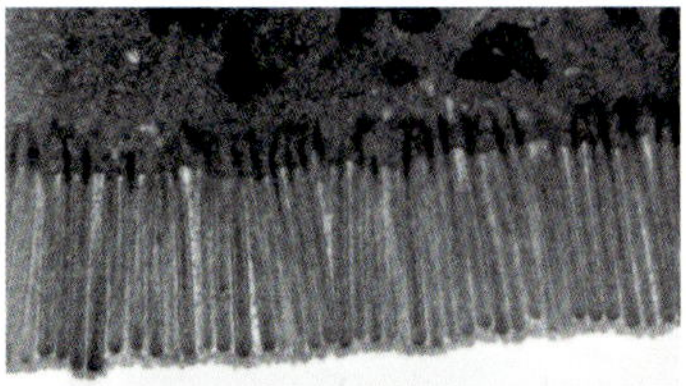

http://commons.wikimedia.org/wiki/File:Microvilli.jpg

Elektronenmikroskopische Aufnahme von Mikrovilli aus dem Dünndarm des Menschen.

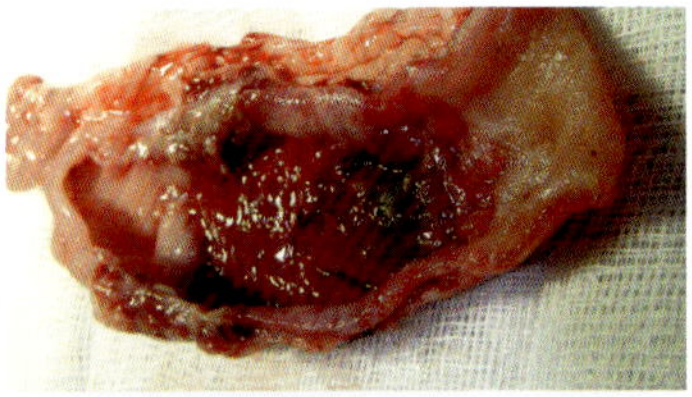

Dauerhafter Durchfall kann zur Zerstörung des Oberflächenepithels des Dünndarms mit seinen Enterozyten führen. In seltenen Fällen führt die lang anhaltende Entzündung zum Absterben ganzer Darmteile. Diese Katze ist Dauerausscheider mit chronischem Durchfall, der zu einem Darmdurchbruch geführt hat.

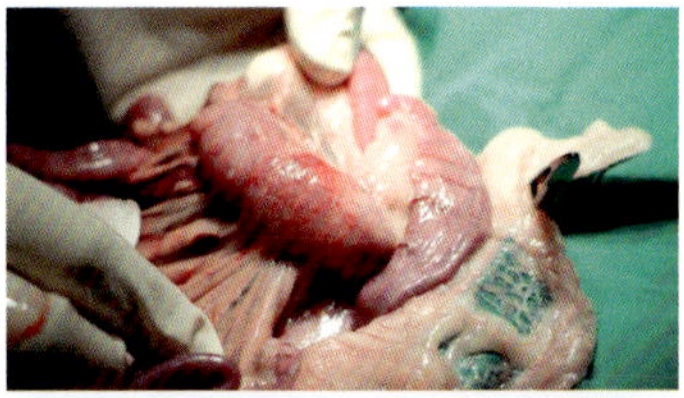

Eine Darmentzündung kann aber auch zu unkoordinierten Bewegungen des betroffenen Darmabschnitts führen, sodass es bei entgegengesetzten Darmbewegungen zum Ineinanderschieben des Darms kommen kann. Die Folge ist eine sogenannte Invagination, die nur operativ beseitigt werden kann.

Mutation ja oder nein?

Nachdem das Virus seinen Weg in den Darm gefunden hat und sich dort vermehren kann, stellt sich nun die alles entscheidende Frage: Wird das Virus mutieren oder nicht? Die Mutation erfolgt im Rahmen der Virusvermehrung in den Enterozyten. Durch die Mutation ist das FCoV nicht mehr auf das Verweilen im Darm angewiesen, sondern hat die Fähigkeit erlangt, mit Hilfe von körpereigenen Zellen, den Makrophagen, sich im gesamten Katzenorganismus zu verteilen. Diese neue Eigenschaft des mutierten Virus stellt derzeit die einzige durch ein Labor durchführbare Nachweismethode des mutierten Coronavirus dar. Das normale FCoV ist nicht in Makrophagen zu finden, sondern ausschließlich seine mutierte Form. Mit dem Befall der Makrophagen nimmt das Unheil seinen Lauf und das Schicksal der Katze ist besiegelt: Es wird zur FIP kommen, in deren weiteren Verlauf die Katze an den unterschiedlichsten Symptomen erkranken wird und letztendlich leider verstirbt. Die meisten von der FIP betroffenen Katzen erkranken schnell, schwer und müssen innerhalb kurzer Zeit von ihren Leiden erlöst werden. Es gibt aber auch diejenigen Katzen, die sich trotz FIP immer wieder aufrappeln und uns in einem Wechselbad der Gefühle zurücklassen. So gibt es Katzen, die selbst mit Bauchhöhlenerguss, Fieber und Gelbsucht noch einige Wochen anscheinend glücklich leben können. Letztendlich verlieren auch sie den Kampf gegen das mutierte FCoV, aber der Katzenhalter konnte seinem Schützling noch eine einigermaßen schöne Zeit schenken. Auch wenn die Diagnose FIP feststeht, sollte nicht anhand eines Symptoms die Entscheidung zur Einschläferung getroffen werden. Erst beim Auftreten von nicht mit einem glücklichen Leben zu vereinbarenden Krankheitssymptomen und einer leidenden Katze muss die Entscheidung zur Erlösung schnell getroffen werden. Meist beträgt der Zeitraum zwischen der Diagnose und der Einschläferung nicht mehr als fünf Tage.

Peppina wurde mit Katzenschnupfen aus dem Tierheim geholt. Im Alter von 9 Monaten bekam sie FIP und wurde erlöst.

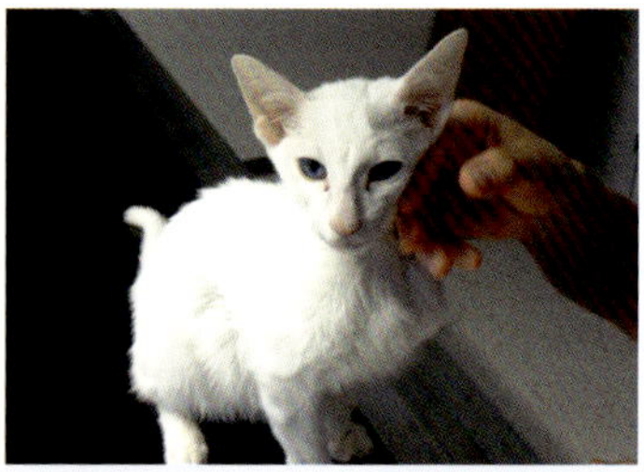

Der Bruder von Irri, Vince. Er wurde mit 6 Monaten kastriert. Einige Wochen danach entwickelte er eine Gelbsucht: Diagnose FIP.

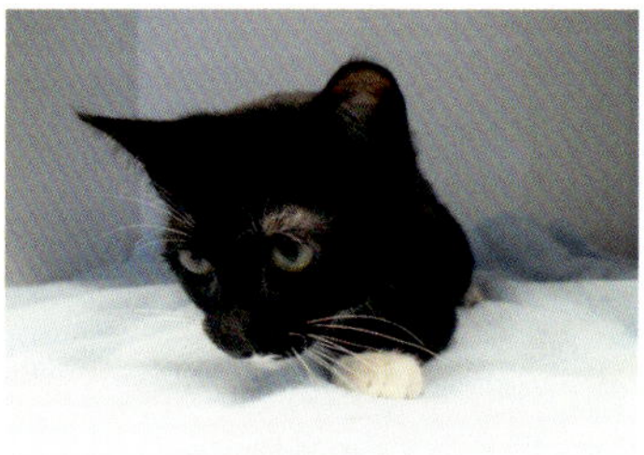

Felix begann im Alter von 7 Monaten plötzlich zu taumeln, seine beiden Pupillen waren unterschiedlich groß. Diagnose: FIP

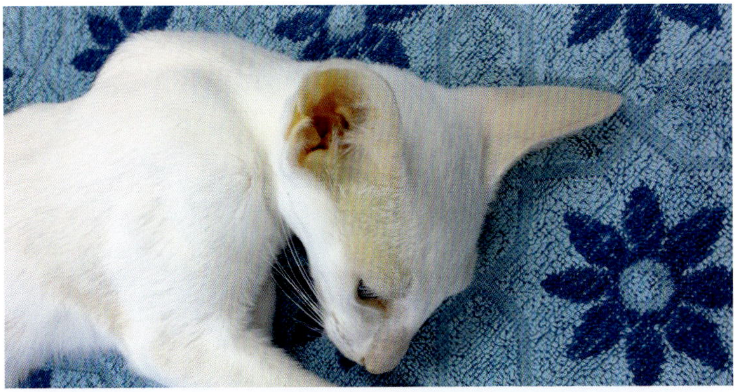

Das ist Irri, ein Siamesenkater. Er wurde am 5. Dezember 2012 geboren. Im Alter von fünf Monaten aß er von einen Tag auf den andern deutlich weniger. Innerhalb kurzer Zeit bekam er einen dicken Bauch, sein Fell wurde struppig, er wollte nicht mehr spielen und seine Atmung wurde schwer. In seinem Bauch fand sich eine gelbe, fadenziehende Flüssigkeit. Eine FIP wurde im Rahmen von weiteren Untersuchungen bestätigt. Von den ersten Anzeichen der Erkrankung bis zur unausweichlichen Einschläferung aufgrund seines sehr schlechten Allgemeinbefindens ist nicht einmal eine Woche vergangen. Sein Bruder Vince wurde im Alter von 6 Monaten kastriert. Zwei Wochen nach der Kastration bekam er eine Gelbsucht und zeigte die typischen Symptome einer FIP. Auch Vince hat es nicht überlebt.

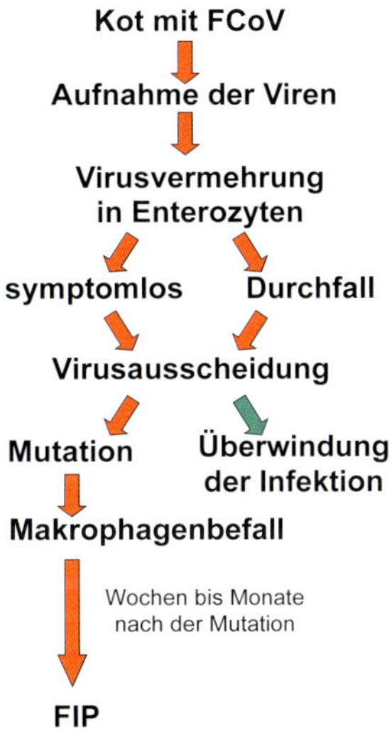

Ablauf einer FCoV-Infektion mit den möglichen Verlaufsformen. Erst nach vielen Monaten der Mutation kann sich eine FIP entwickeln. Die Diagnose FIP ist ein Todesurteil.

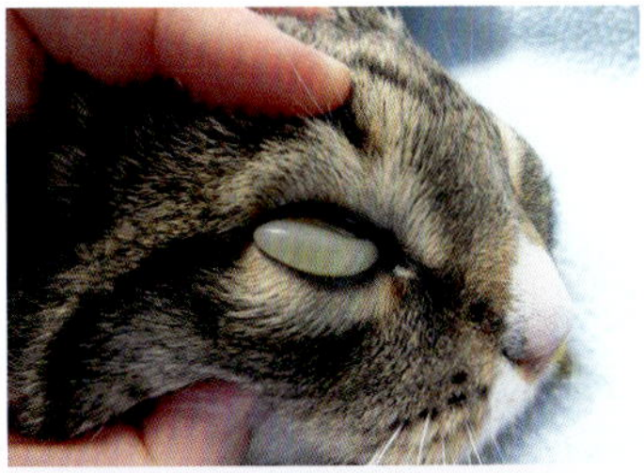

Minka zeigte alle Symptome eines schweren Leberversagens und geschwollene, gelbe Augenbindehäute. Diagnose: FIP

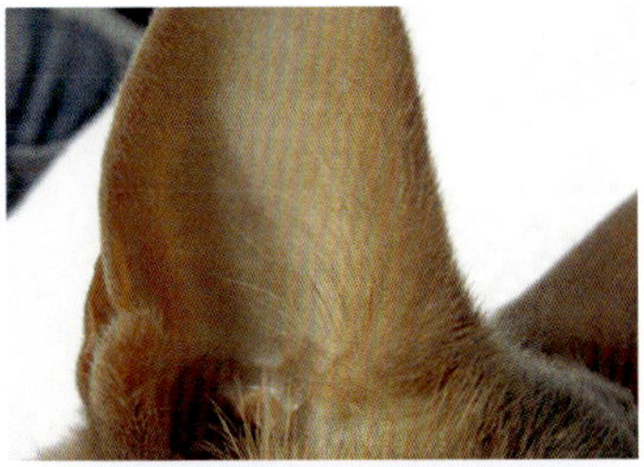

Bruce wurde 12 Monate alt. Er hörte auf zu essen, bekam Fieber und seine Haut wurde am ganzen Körper gelb.

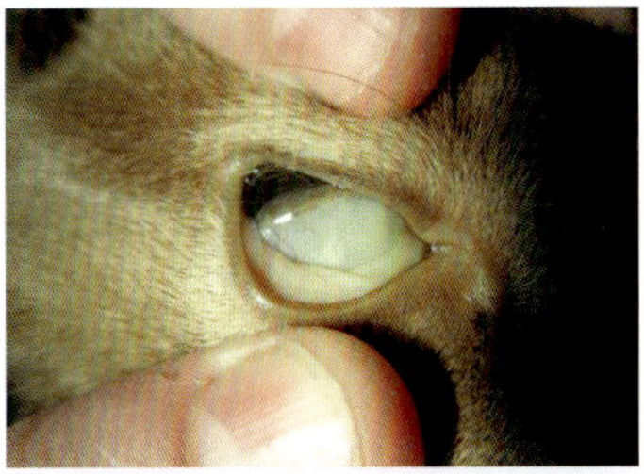

Auch Bruces Nickhaut im Auge wurde durch die Funktionsstörung der Leber gelb. Die Gelbsucht ist oft das erste Anzeichen für eine FIP.

SYMPTOME

Ein Symptom ist ein Krankheitsanzeichen, welches uns veranlassen sollte, mit der Katze zum Tierarzt zu gehen. Je eher man eine Krankheit entdeckt, desto größer ist die Wahrscheinlichkeit, etwas dagegen unternehmen zu können. Die FIP stellt hier eine Ausnahme dar, da wir bisher noch kein wirksames Medikament dagegen gefunden haben. Durch den raschen Krankheitsverlauf geht es den meisten betroffenen Katzen bereits bei ihrem ersten Tierarztbesuch sehr schlecht. Sei es durch das hohe Fieber oder aufgrund der Flüssigkeit in der Bauchhöhle oder dem Brustkorb: Betroffene Katzen verfallen zusehends in einen bemitleidenswerten Zustand.

Der Kot kann uns wichtige Hinweise geben, ob eine Katze das Virus ausscheidet und somit eine Ansteckungsquelle darstellt.

Katzentoilette

Das wichtigste Symptom im Kampf gegen die FIP ist in der Katzentoilette zu finden. Die Untersuchung von Kot wird allgemein sehr stiefmütterlich behandelt. Aber es ist nur der Kot, der uns den Hinweis liefern kann, welche Katze das Virus ausscheidet und welche nicht. Dabei muss die betroffene Katze nicht einmal Durchfall als Symptom zeigen. Die meisten FCoV-Ausscheider haben jedoch gelegentlich Durchfall, bei einigen anderen ist der Kot lediglich etwas weicher als normal. Es gibt jedoch auch Katzen mit heftigen Dauerdurchfällen. Möchte man das Übel, also die FIP, an der Wurzel packen, gilt es die Verbreitung des FCoV zu stoppen. Der Kot liefert uns den entscheidenden Hinweis dazu.

FIP

Die Symptome einer FIP entstehen Wochen bis Monate nach der Mutation des FCoV. Die Schwierigkeit der FIP-Diagnose begründet sich nicht durch Probleme, das mutierte Virus nachzuweisen, sondern auf dem Fehlen FIP-typischer Symptome. Viele Organe wie Leber, Nieren, Bauchspeicheldrüse, Bauch- und Brustfell, Darm, Augen und das zentrale Nervensystem können betroffen sein. Die Symptome der erkrankten Organe sind äußert vielfältig, sodass auch andere Erkrankungsursachen in Frage kommen. Es sind letztendlich alle Katzen FIP-verdächtig, die nicht eindeutig einer anderen Erkrankung zuzuordnende Symptome zeigen, antibiotikaresistentes und wiederkehrendes Fieber haben, Organveränderungen aufweisen oder stark an Gewicht verlieren. Bei etwa einem Viertel der betroffenen Katzen kommt es zu Kopfzittern, Bewusstseinsstörungen und epileptischen Anfällen. Ebenso ist ein Erguss im Bauchraum oder im Brustkorb verdächtig für eine FIP. Über die wichtige Untersuchung des Ergusses wird im Kapitel Punktatuntersuchung berichtet.

Durch Flüssigkeit im Brustkorb kann es zu Atemnot kommen, die sich in einer stark pumpenden Atmung mit geschlossenem Mund zeigt. Im weiteren Verlauf kann die Katze immer schlechter Luft holen und sie beginnt zu hecheln.

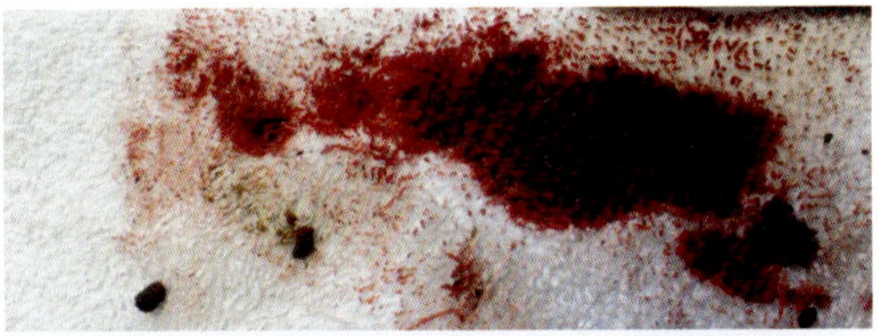

Blutige Durchfälle sind nicht typisch für die FIP und deuten lediglich auf eine heftige Darmentzündung hin. Bei Katzen, die gelegentlich mehr oder weniger weichen Stuhlgang mit oder ohne Blut oder sogar dauerhaft Durchfall haben sollte der Kot untersucht werden. Dabei ist neben Erregern wie Bakterien, Pilzen, Giardien und Tritrichomonaden auf das FCoV ein besonderes Augenmerk zu richten.

Unterteilung

Die FIP wird im Allgemeinen in drei unterschiedliche Formen unterteilt: der feuchten, der trockenen und der gemischten Form. Je nach Vorliegen der einen oder anderen zeigt die Katze unterschiedliche Symptome. Bei der feuchten Form kommt es vorwiegend zu Flüssigkeitsansammlungen in der Brusthöhle oder dem Bauchraum, die zu einer Atemnot und einer deutlichen Umfangsvermehrung des Bauches führen kann.

Die trockene Form zeigt sich in den Organen, im Zentralen Nervensystem oder in den Augen, wo es zu Entzündungen und unterschiedlicher Pupillengröße kommen kann. Inwieweit die strikte Unterteilung in diese drei Formen sinnvoll ist, sei dahingestellt. Mittlerweile weiß man aber, dass bei an FIP erkrankten Katzen fast immer mehr oder weniger Erguss in der Bauchhöhle oder dem Brustkorb vorliegt, und immer mehr oder weniger ausgeprägte Organveränderungen vorliegen. Für die Gelbfärbung der Haut und der Nickhäute ist Bilirubin verantwortlich, das normalerweise durch Transportproteine in den Leberzellen in die Gallenblase und dann in den Darm weiterbefördert wird. Nicht nur die FIP, sondern auch eine Vielzahl anderer Erkrankungen können die Leberfunktion derart negativ beeinflussen, dass Bilirubin nicht abtransportiert werden kann und sich als Gelbsucht, auch Ikterus genannt, niederschlägt.

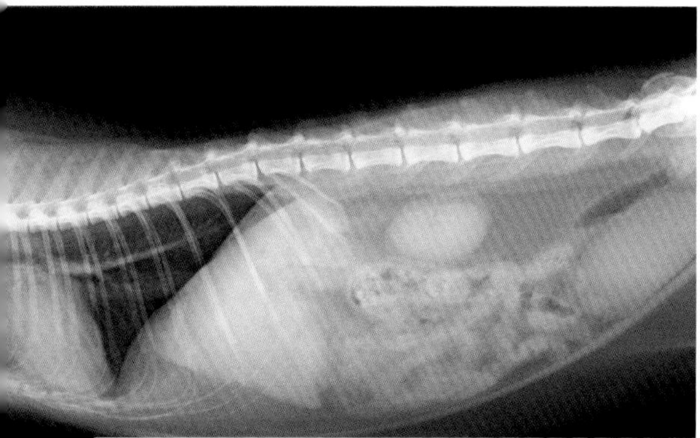

Durch die Röntgenuntersuchung kann eine Flüssigkeitsansammlung schnell und eindeutig im Bauch- oder Brustraum erkannt werden. Es gibt aber auch andere Erkrankungen, die zu solchen Veränderungen führen können. Allein das Vorhandensein eines Ergusses ist noch kein Nachweis für eine FIP. Etwa 50 % aller Katzen mit Erguss haben jedoch FIP. Das Röntgenbild zeigt den Bauchraum und den Brustkorb einer völlig gesunden Katze im Vergleich zum Bild daneben, einer an FIP erkrankten Katze mit starkem Bauchhöhlenerguss. Die Baucheingeweide sind auf dem rechten Röntgenbild nicht mehr zu erkennen, da diese von der Flüssigkeit überlagert werden.

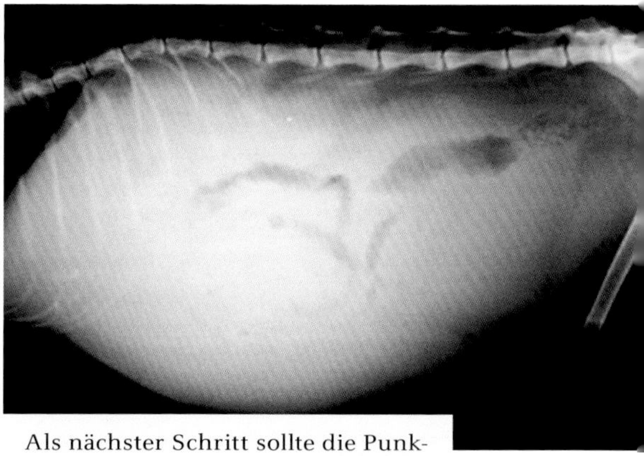

Als nächster Schritt sollte die Punktion erfolgen, um sich den Erguss näher anzuschauen. Auch bei Herz- oder Lebererkrankungen kommt es zu Ergüssen in die Körperhöhlen, diese sind jedoch meist klar in der Farbe und von der Konsistenz wässrig. Der typische FIP-Erguss ist dagegen gelb, klar und fadenziehend. Dennoch kommen bei einem eindeutigen FIP-Erguss auch andere Erkrankungen wie das maligne Lymphom, die Bauchspeicheldrüsenentzündung oder ein bakterieller Infekt in Frage.

FIP-typische Blutwertveränderungen

Die häufigste Veränderung im Blutbild bei Katzen mit einer FIP ist die Erhöhung des Gesamteiweißes, das bei etwa 50 % der Katzen mit Erguss und bei bis zu 70 % der Katzen ohne Erguss vorkommt. Das Gesamteiweiß setzt sich aus unterschiedlichen Fraktionen der Globuline sowie aus Albumin zusammen. Die Gesamteiweißerhöhung begründet sich durch die massive Produktion von Antikörpern durch das Immunsystem der Katze, die hauptsächlich zur Gruppe der y-Globuline gezählt werden. Leider bieten diese in großer Zahl gebildeten Antikörper keinen wirksamen Schutz gegen die Infektion mit dem mutierten FCoV. Das Albumin, welches ebenfalls zum Gesamteiweiß gerechnet wird, nimmt dagegen mengenmäßig ab. Der Quotient aus dem sinkenden Albumin und den steigenden Globulinen kann als charakteristisches Merkmal einer FIP-Infektion bezeichnet werden und ist Bestandteil des von Laboren angebotenen FIP-Screenings. Meist liegen die Ergebnisse aus dem Labor dem Tierarzt innerhalb von zwei Tagen vor.

Virusnachweis im Blut

Wäre es nicht Beweis genug für eine FIP, wenn man das FCoV direkt im Blut nachweisen könnte? Allerdings wäre, wie schon bekannt, keine Unterscheidung zwischen harmlosen und mutierten Virus möglich. Bei an FIP erkrankten Katzen kann das Virus tatsächlich im Blut nachgewiesen werden, allerdings auch bei nicht an FIP erkrankten Katzen. Erstaunlicherweise erkranken die gesunden Katzen mit dem FCoV im Blut nicht häufiger an FIP als Katzen, die das Virus nicht im Blut haben. Demnach hilft uns auch der direkte Virusnachweis im Katzenblut nicht wirklich weiter.

VetMedLab 09.03.2013

FIP-Screening - IDEXX

FIP/Coronavirus (Antikörper) Feline Infectious Peritoniti (IFT)	>1:800 Titer	-			
Serumelektrophorese (Agarose-Gel)					
Gesamteiweiß	9,8 g/dl	5,9-8,7			X
A/G	0,51 k.A.	0,57-			
Albumin (%)	33,9 %	44,5-62,3	X		
Alpha-1 Globulin (%)	2,4 %	2,2-7,6		X	
Alpha-2 Globulin (%)	7,2 %	5,7-19,9		X	
Beta-1 Globulin (%)	5,6 %	2,8-11,3		X	
Beta-2 Globulin (%)	5,6 %	3,1-11,7		X	
Gamma Globulin (%)	45,3 %	5,9-23,0			X
Albumin (abs.)	3,3 g/dl	3,1-4,7		X	
Alpha-1 Globulin (abs.)	0,24 g/dl	0,16-0,52		X	
Alpha-2 Globulin (abs.)	0,71 g/dl	0,40-1,28		X	
Beta-1 Globulin (abs.)	0,55 g/dl	0,19-0,74		X	
Beta-2 Globulin (abs.)	0,55 g/dl	0,20-0,85		X	
Gamma Globulin (abs.)	4,44 g/dl	0,36-1,69			X
Bilirubin	0,3 mg/dl	-0,4		X	

Das FIP-Screening wurde am Tag des Redaktionsschlusses für diesen Ratgeber angefertigt. Princess, 9 Monate, zeigte als einziges Symptom therapieresistentes Fieber. Würden Sie bei diesen Blutwerten eine FIP für Wahrscheinlich halten?

LABORBEFUNDE

Welche Veränderungen im Blutbild können uns Hinweise auf oder, besser noch, gegen eine FIP-Infektion liefern? Bei jeder Katze mit dem Verdacht einer FIP sollte ein Blutbild angefertigt werden, um auch andere in Frage kommende Erkrankungen auszuschließen. Manche Labore bieten sogenannte FIP-Screenings an, bei denen explizit die Blutparameter überprüft werden, die bei einer möglichen vorliegenden Infektion mit hoher Wahrscheinlichkeit verändert sind. Aber 100 % sicher sind auch diese Ergebnisse der FIP-Diagnostik nicht. Selbst Katzen, bei denen das FCoV im Blut nachgewiesen wird, müssen nicht an der FIP erkranken.

Vorsicht vor falschen Schlüssen

Mehr als die Hälfte der an FIP erkrankten Katzen haben eine leichte Blutarmut, auch Anämie genannt. Diese kommt allerdings auch bei vielen chronischen Erkrankungen vor, sodass dieser Befund weiter abgeklärt werden muss. Die Erhöhung der weißen Blutzellen, der Leukozyten, bei gleichzeitiger Erniedrigung der Lymphozyten wird gelegentlich als FIP-typische Veränderungen bezeichnet. Andererseits stellen diese Veränderungen aber eine normale Reaktion des Katzenkörpers auf Stress dar, wie er bei vielen Erkrankungen vorkommt, so auch bei der FIP. Je nach Organbeteiligung können die Organwerte der Nieren, der Leber oder der Bauchspeicheldrüse verändert sein. Da diese Organe jedoch auch ohne FIP-Beteiligung jedes für sich oder auch alle gemeinsam erkranken können, stellen diese Blutparameter auch keine geeignete Nachweismethode für eine FIP dar.

Karli bekam mit 15 Monaten FIP. Die einzigen auffälligen Blutparameter waren das deutlich erhöhte Gesamteiweiß und ein stark erniedrigter Albumin-Globulin-Quotient. Er wurde aufgrund von Eiweißausfällungen in die vordere Augenkammer beim Tierarzt vorgestellt. Innerhalb weniger Tage nach der Erstvorstellung bekam er einen dicken Bauch, Fieber und Gelbsucht.

Diagnostik

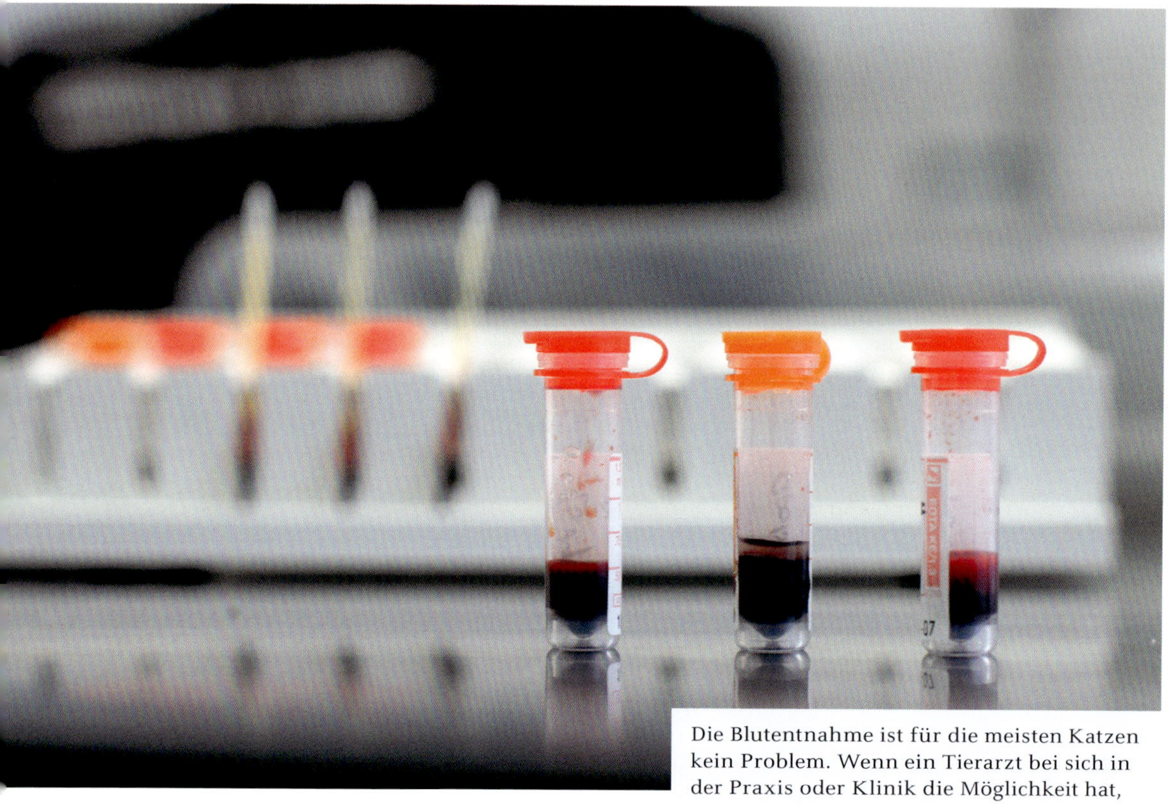

Die Blutentnahme ist für die meisten Katzen kein Problem. Wenn ein Tierarzt bei sich in der Praxis oder Klinik die Möglichkeit hat, selbst Blutbilder zu erstellen, kann innerhalb von 30 Minuten ein Großteil der gewünschten Blutparameter besprochen werden. Um exakte Antikörperwerte und Virusnachweise zu erhalten, muss das Blut jedoch in ein Labor geschickt werden.

Blutuntersuchung

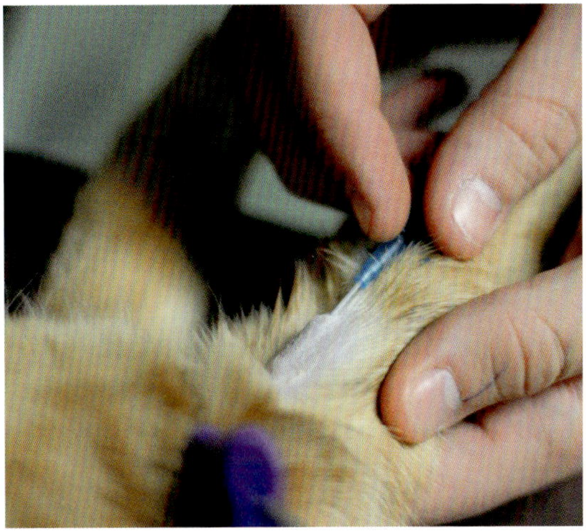

Inwieweit hilft uns die Blutuntersuchung bezüglich einer exakten Diagnose weiter? Was sollte im Blut einer FIP-verdächtigen Katze untersucht werden? Die Diagnose FIP stellt leider immer noch eine der schwersten am lebenden Tier zu diagnostizierende Erkrankung dar, dennoch können uns bestimmte Blutergebnisse in Verbindung mit Punktatuntersuchungen und dem Vorliegen von Symptomen Schritt für Schritt der Bestätigung oder dem Ausschluss einer FIP näher bringen.

Suche nach Blutparametern

Bereits im vorangegangenen Kapitel wurden die möglichen veränderten Blutwerte beschrieben. Bei jeder Katze mit unklaren Symptomen sollte ein Blutbild angefertigt werden, bei dem neben den Parametern Leber, Niere, Bauchspeicheldrüse, Eiweiße, Bilirubin, Natrium, Kalium, Kalzium auch das rote und weiße Blutbild überprüft werden. Katzen, bei denen vom Krankheitsbild eine FIP nicht auszuschließen ist, sollten ein FIP-Screening erhalten.

Suche nach dem Virus

Wohin überall kann sich das FCoV im Katzenkörper verteilen? Und was bringt uns das Auffinden dieses Virus? Wir wissen nun mittlerweile, dass wir mit unseren herkömmlichen Nachweisverfahren nicht zwischen dem mutierten und unmutierten FCoV unterscheiden können. Der direkte Nachweis des FCoV im Blut, Erguss, Hirnwasser oder anderen Körperflüssigkeiten besagt lediglich, dass die Katze, oder besser gesagt ihr Immunsystem, sich mit dem Virus auseinandersetzt. Der einzige 100 % sichere Nachweis einer Virusmutation und somit einer FIP gelingt durch das Auffinden des FCoV in Makrophagen. Diese befinden sich jedoch in Geweben, wie beispielsweise der Leber oder in Körperhöhlenergüssen, nicht im Blut.

Suche nach Antikörpern

Antikörper sind im Gegensatz zu den Makrophagen gut und einfach im Blut nachzuweisen. Aber auch hier müssen wir uns fragen, inwieweit uns ein FCoV-Antikörpernachweis in der FIP-Diagnostik weiterbringt. Egal, welches Ergebnis man erhält: Die Werte müssen immer sehr kritisch bewertet werden und können nur in Verbindung mit anderen Untersuchungsergebnissen zur Äußerung eines FIP-Verdachtes führen. Man darf nicht vergessen, dass die Diagnose FIP immer ein Todesurteil ist. Manche Autoren von Fachartikeln über die FIP vermuten sogar, dass in der Vergangenheit mehr Katzen durch die falsche Interpretation der Antikörper-Titer gestorben sind als an der FIP selbst.

Nur ein sehr hoher Antikörpertiter im Blut einer kranken Katze kann als Diagnosehilfe dienen, macht er doch das Vorliegen einer FIP wahrscheinlicher. Niedrige und mittlere Titer brauchen überhaupt nicht beachtet werden. Der Nachweis von FCoV-Antikörpern als einzig vorliegendem Befund gibt keinerlei Auskunft und Hinweis darauf, ob die getestete Katze aktuell mit dem FCoV infiziert ist, das Virus ausscheidet oder ob sie sogar FIP hat oder in Zukunft entwickeln wird. Für das Zucht- und Hygienemanagement kann die Bestimmung der FCoV-Antikörper jedoch sinnvoll sein. Im Abschnitt Prophylaxe wird ausführlich auf die sinnvolle Anwendung der Antikörperbestimmung im Rahmen der Infektionsvermeidung eingegangen werden. Für die Diagnostik der FIP ist der FCoV-Antikörpertest leider nur bedingt geeignet.

Wenn nur coronavirusfreie Katzen mit negativem Antikörpertiter zur Zucht verwendet werden, sind auch die gezeugten Nachkommen zwangsläufig coronavirusfrei.

Durch die Überprüfung der Antikörper beim Katzenwelpen kann der Katzenkäufer das Risiko einer FCoV-Infektion minimieren und seine zu Hause vorhandene Katze schützen.

FIP ohne Antikörper?

Beim Vorliegen eines negativen FCoV-Antikörpertests besteht die Möglichkeit, dass sich die getestete Katze im Endstadium einer FIP befindet. Bei ca. 10 % aller Katzen mit vorliegender FIP können im Blut keine Antikörper mehr gefunden werden, da diese an bestimmte Komplexe gebunden sind, die nicht vom Testverfahren erkannt werden können. Obwohl diese Katzen tatsächlich FIP- positiv sind, können keine Antikörper im Blut nachgewiesen werden. Den betroffenen Katzen ist aber in der Regel die Erkrankung anzusehen, sodass auch mit negativem FCoV-Antikörpertest ein FIP-Verdacht geäußert werden kann.

Wichtiges Einsatzgebiet

Der FCoV-Antikörpertest kann im Rahmen seiner Möglichkeiten bei der Diagnose einer FIP hilfreich sein. Er kann aber auch zu Verwirrungen und Unsicherheiten führen, wenn andere, eindeutigere Befunde für eine FIP fehlen. Vernachlässigt werden allerdings einige Einsatzgebiete des Tests, wo er sinnvolle Dienste der Krankheitsprophylaxe und Ansteckungsvermeidung leisten kann: in der Zucht bei der Auswahl des Zuchtpaares, bei der Anschaffung eines Katzenwelpen und in Katzenpensionen. Hier kann der Test hervorragend eingesetzt werden, um nur gesunde, also FCoV-freie Zuchtpaare zu verwenden, Katzenwelpen vor der Abgabe in ihr neues Zuhause hinsichtlich eines Coronaviruskontaktes zu überprüfen, und Katzenpensionen mit Gruppenhaltung sicherer zu machen.

Eine bisher vernachlässigte Infektionsquelle für das FCoV: Katzenpensionen. Dort gelten zwar oft gute Gesundheitsstandards, aber auf das FCoV wird meist nicht geachtet.

FIP-TEST

Die lapidare Bezeichnung FIP-Test erweckt den Eindruck, mit diesem Nachweisverfahren die Möglichkeit zu haben, das mutierte feline Coronavirus zu erkennen, und somit schnell und einfach eine sichere FIP-Diagnose zu erhalten. Tierärzte warten seit langem auf ein solch sicheres und schnelles FIP-Nachweisverfahren, bisher allerdings vergeblich. Die korrekte Bezeichnung des FIP-Tests lautet Coronavirus-Antikörpertest. Die Bezeichnung FIP-Test ist demnach nicht nur falsch, sondern auch irreführend und darf hinsichtlich seiner Aussagekraft bezüglich einer FIP-Infektion nicht überbewertet werden.

Verhängnisvoll für kranke Katzen wird es dann, wenn ein positiver FCoV-Test fälschlicherweise als Beweis für das Vorliegen einer FIP gewertet wird, obwohl der schlechte gesundheitliche Zustand der Katze nicht durch eine FIP hervorgerufen wurde. Tierärzte sind in der Regel sehr vorsichtig mit der Diagnose FIP, bedeutet es doch den unausweichlichen Tod der Katze. Sollten Sie als Katzenhalter in die traurige Situation kommen, dass der Verdacht einer FIP bei Ihrer Katze geäußert wird, lassen Sie bitte nichts unversucht, so viele Befunde wie möglich zusammenzutragen, um weitestgehend sicher zu sein, dass es sich tatsächlich um diese Erkrankung handelt. Bedenken Sie, dass auch junge Katzen, die ja besonders für die Mutation des FCoV empfänglich sind, andere Erkrankungen haben können, die nichts mit der FIP zu tun haben müssen, obwohl Antikörper gegen Coronaviren im Blut vorhanden sind.

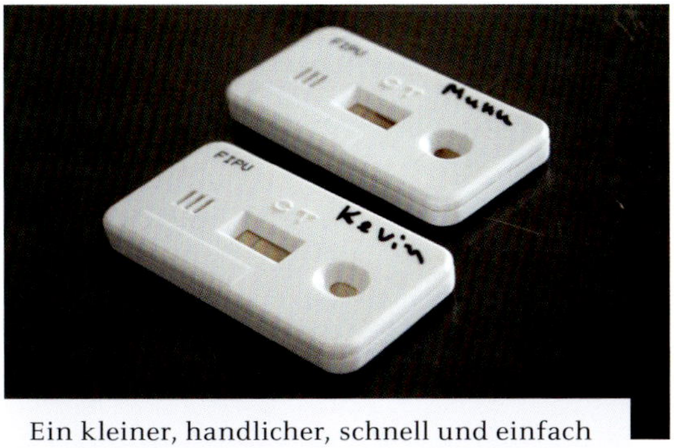

Ein kleiner, handlicher, schnell und einfach durchzuführender Test mit risikobehafteter Aussagekraft: Der FIP-Test. Kranke Katzen können sowohl ein positives als auch negatives Testergebnis haben, wogegen gesunde Katzen ebenfalls positiv als auch negativ getestet werden können. Nur im Zusammenhang mit der gesamten Krankengeschichte der Katze und anderen Untersuchungsergebnissen, sowie im Rahmen der Infektionsverhütung und -Kontrolle ist der Test eine sinnvolle Maßnahme.

FIP-Test sinnvoll?

Schätzungsweise die Hälfte aller Katzen in Deutschland haben Antikörper gegen das FCoV im Blut. Der beim Tierarzt mit ein wenig Blut gut durchzuführende Schnelltest gibt lediglich Auskunft darüber, ob Antikörper vorhanden sind oder nicht. Ist der Test positiv, hat die Katze Antikörper, ist er dagegen negativ, hat sie keine im Blut. Labore können nicht nur überprüfen, ob Antikörper vorhanden sind, sondern auch in welcher Menge. Aber egal welches Ergebnis dabei herauskommt, die Menge der nachweisbaren Antikörper erlaubt keine Aussage hinsichtlich der Entstehung oder dem Vorliegen einer FIP.

Allerdings besteht ein Zusammenhang zwischen der Menge der im Blut vorhandenen Antikörper und der Virusausscheidung mit dem Kot. Je mehr Antikörper vorhanden sind, desto höher ist das Risiko, das Virus mit dem Kot auszuscheiden. Sehr hohe Antikörpertiter erhöhen auch die Wahrscheinlichkeit des Vorliegens einer FIP-Infektion.

Korrekte Interpretation des FCoV-Antikörpertests

Ein positiver Test bedeutet:

- Die Katze hat nur noch Antikörper im Blut, das Virus ist eliminiert.
- Die Katze ist mit dem FCoV infiziert.
- Die Katze hat FIP.
- Die Katze wurde gegen das FCoV geimpft.

Ein negativer Test bedeutet:

- Die Katze ist gesund.
- Die Katze hat sich erst vor kurzem infiziert, Antikörper sind noch keine vorhanden.
- Die Katze hat FIP im Endstadium.

Im Rahmen der FIP-Diagnostik ist das Ergebnis des FCoV-Antikörpertests unabhängig vom Testresultat eher verwirrend als aufklärend. Nicht selten werden Katzen mit Hilfe des FIP-Tests auf ihren Gesundheitszustand überprüft. Mindestens 50 % unserer Katzen in Deutschland werden dabei positiv getestet. Doch sind diese tatsächlich krank? In Verbindung mit anderen Untersuchungsparametern ist der FCoV-Antikörpertest lediglich ein weiteres Glied in der Kette auf dem Weg zur FIP-Diagnose. Er darf niemals alleine zur Diagnose der FIP führen. Bei der Anschaffung einer neuen Katze oder im Rahmen des Zuchtqualitätsmanagements ist der Test allerdings eine große Hilfe bei der Erkennung infizierter und somit potentiell ansteckender Katzen.

PUNKTATUNTERSUCHUNG

Ein Punktat ist eine Flüssigkeit, die durch eine Punktion gewonnen wurde. Mit Hilfe einer Nadel und einer Spritze kann beim Vorliegen eines Ergusses aus der Bauchhöhle oder dem Brustkorb Flüssigkeit abgezogen und zur weiteren Untersuchung verwendet werden. Wenn bei einer Katze ein Erguss vorliegt, sollte dieser noch vor allen anderen Untersuchungen punktiert und genauer angeschaut werden. Derzeit sind bei einem FIP-Verdacht die aus dem Punktat durchzuführenden Untersuchungen zur Diagnostik der FIP deutlich aussagekräftiger als alle aus dem Blut möglichen Untersuchungen. Da jedoch nicht bei allen an FIP erkrankten Katzen auch ein Erguss vorliegt, oder sich zu wenig Flüssigkeit angesammelt hat, um ihn punktieren zu können, beschränkt sich diese Untersuchungsmethode auf Katzen mit Flüssigkeitsansammlungen in ihren Körperhöhlen.

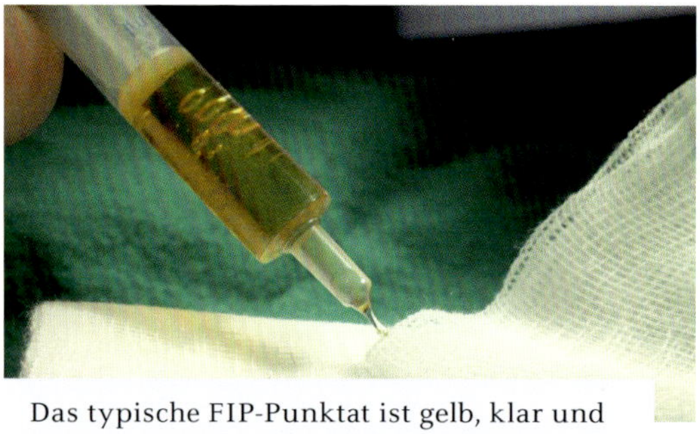

Das typische FIP-Punktat ist gelb, klar und fadenziehend. Aber auch bei anderen sehr schweren Erkrankungen kann das Punktat so aussehen. Die genauere Untersuchung der Flüssigkeit bringt nähere Aufschlüsse über die Ursache des Ergusses.

Erguss = FIP?

Ein Erguss, also freie Flüssigkeit in der Bauchhöhle oder dem Brustkorb der Katze, bedeutet selten etwas Gutes. Aber allein die Tatsache, dass bei einer Katze ein Erguss vorhanden ist, stellt keinen sicheren Beweis für das Vorliegen einer FIP dar. Die eine Hälfte der Katzen mit Erguss hat keine FIP, selbst wenn das Punktat das für eine FIP typische Aussehen hat: gelb, klar und fadenziehend.

Bereits durch das Abtasten des Bauches kann bei einigen erkrankten Katzen der Verdacht einer Flüssigkeitsansammlung geäußert werden. Flüssigkeit im Brustkorb kann dagegen nicht ertastet werden. Durch das Abhören mittels Stethoskop ist aber auch hier meist ein Verdacht möglich. Mit Hilfe eines Röntgenbildes kann recht einfach und schnell ein Erguss diagnostiziert werden. Um zur weiteren Untersuchung an die Flüssigkeit zu gelangen, muss entweder der Bauchraum oder der Brustkorb punktiert werden. Der entsprechende Bereich wird geschoren, desinfiziert und punktiert. Während der Punktion wird unterstützend Ultraschall eingesetzt, um die Nadel kontrolliert in die Körperhöhle und direkt in die Flüssigkeit einbringen zu können. In der Regel lassen sich Katzen diesen Eingriff problemlos ohne Sedation gefallen.

Katzen mit einem solchen Punktat können ein malignes Lymphom, was einem bösartigen Tumor entspricht, eine Bauchspeicheldrüsenentzündung oder eine durch Bakterien hervorgerufene Entzündung des Bauchraumes oder des Brustkorbes haben. Die andere Hälfte der Katzen hat eine FIP. Durch eine mikroskopische Untersuchung des Punktates kann der geübte Tierarzt recht schnell erkennen, ob es sich um etwas anderes als eine FIP handeln kann.

Rivalta-Pobe

Die erste Untersuchung, die mit dem gewonnenen gelben, klaren und fadenziehenden Punktat durchgeführt werden sollte, ist die Rivalta-Probe. Diese wurde aus der Humanmedizin übernommen und diente beim Menschen der Unterscheidung von eiweißreichen und eiweißarmen Punktaten. Mittlerweile wird sie beim Menschen nicht mehr durchgeführt, ist aber dafür ein aussagekräftiger, schnell und einfach durchzuführender und obendrein noch sehr kostengünstiger Test bei der FIP-Diagnostik geworden. Benötigt wird lediglich ein Reagenzglas mit destilliertem Wasser, in das man einen Tropfen Eisessig mischt. Ein Tropfen des Punktates wird dann in das Reagenzglas gegeben. Verschmilzt der Tropfen mit dem Inhalt des Reagenzglases, so dass dieser bereits nach ein bis zwei Sekunden nicht mehr in der Lösung zu sehen ist, liegt mit einer sehr hohen Wahrscheinlichkeit keine FIP vor. Bleibt der Tropfen jedoch an der Oberfläche der Reagenzglasflüssigkeit hängen oder schwebt langsam und deutlich zu sehen nach unten, besteht mit hoher Wahrscheinlichkeit eine FIP. Die Rivalta-Probe ist dann positiv. Aber auch bei malignen Lymphomen und bakteriellen Entzündungen kann die Rivalta-Probe positiv sein. Die makroskopische, mikroskopische, zytologische und bakteriologische Untersuchung der Punktatflüssigkeit kann aber diese Erkrankungen ausschließen oder bestätigen. Die Rivalta-Probe stellt neben dem Nachweis des FCoV in Makrophagen eine der sichersten Nachweisverfahren für eine FIP dar. Sollte die Rivalta-Probe negativ sein, liegt in der Regel keine FIP vor.

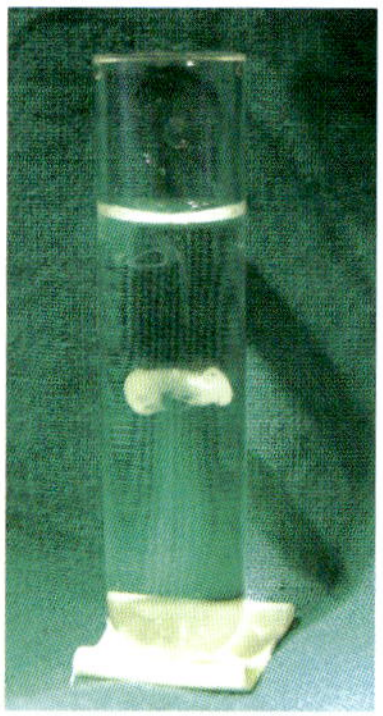

Der Tropfen, der durch die Punktion des Brustkorbes gewonnen wurde, schwebt in der Eisessiglösung langsam nach unten, das ist deutlich zu erkennen.

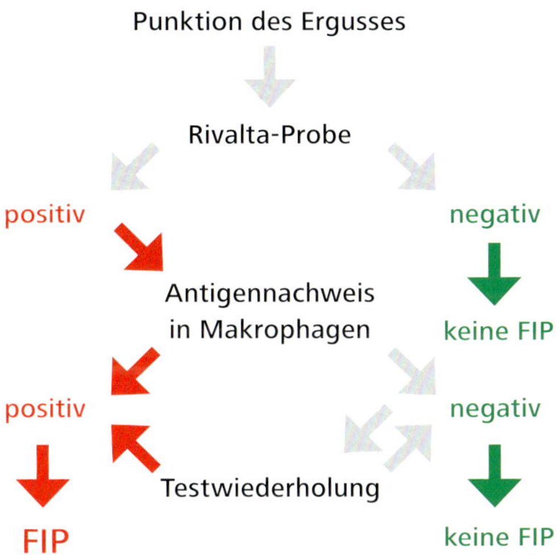

Wann immer bei einer Katze ein Erguss vorliegt, sei es in der Bauchhöhle, im Brustkorb oder auch im Herzbeutel, sollte dieser abpunktiert werden, um ihn zu untersuchen. Zum Ausschluss einer FIP stellt die Rivalta-Probe ein sehr schnelles und sicheres Testverfahren dar, welches jeder Tierarzt bei sich in der Praxis durchführen kann. Sollte diese positiv verlaufen, ist eine FIP sehr wahrscheinlich, aber nicht 100 % sicher. Erst die weitere Untersuchung des Punktates auf das Vorliegen von FCoV in Makrophagen sichert die Diagnose. Auch wenn keine FIP vorliegt, muss weiter nach der Ursache gesucht werden, denn die Katze ist, egal ob FIP oder nicht, schwer krank. Ein Erguss in Körperhöhlen deutet immer auf eine lebensbedrohliche Erkrankung hin, deren Prognose nicht unbedingt besser als die der FIP ist.

KOTUNTERSUCHUNG

Zum Nachweis einer FIP ist die Kotuntersuchung leider nicht geeignet. Dennoch soll sie hier Erwähnung finden, da ihr die entscheidende Rolle bei der Infektionsverhinderung zuteil wird. Möchte man zukünftig die hohe Rate an FIP-erkrankten Katzen reduzieren, wird dies nur über das Verständnis über die Notwendigkeit von Kotuntersuchungen gelingen, dazu aber mehr im Abschnitt Prophylaxe. Die Kotuntersuchung dient dem Nachweis des FCoV. Anders als beim Antikörpernachweis im Blut kann beim Auffinden des Virus in der Kotprobe definitiv eine akute Infektion nachgewiesen werden. Viel wichtiger zu wissen ist: Die Katze ist infektiös und kann andere Katzen anstecken.

Ganz wichtig zu wissen: Auch eine Katze mit FIP scheidet kein mutiertes Coronavirus aus.

Einmal positiv, immer positiv?

Auch bei der Kotuntersuchung auf das FCoV ist es leider ebenfalls nicht ganz so einfach, eine aussagekräftige Diagnose zu erhalten. Eine Katze, bei der sich die Viren im Darm vermehren, muss nicht zwangsläufig immer das Virus mit dem Kot ausscheiden. Selbst wenn bei einer Katze das Virus mit Hilfe einer Kotprobe nachgewiesen wird, ist damit nicht gesagt, dass dies auch noch in einigen Wochen so sein muss. Deswegen ist es bei der Kotuntersuchung wichtig, drei Katzentypen zu unterscheiden:

- den Nicht-Ausscheider
- den akuten Ausscheider
- den Dauerausscheider

Beim Nicht-Ausscheider können keine Viren im Kot nachgewiesen werden. Bedeutet dies aber zwangsläufig, dass die Katze keine Viren im Darm hat und somit auch nicht ansteckend ist? Leider nein. Die Katze könnte sich gerade eben erst infiziert haben, sodass sich noch gar keine Viren in Darmzellen vermehren konnten. Auch wäre es möglich, dass in der untersuchten Kotprobe nur deshalb keine Viren nachweisbar waren, weil zu diesem Zeitpunkt gerade keine aus den Darmzellen freigesetzt wurden. Beim akuten Ausscheider sind Viren definitiv vorhanden. Aber wie lange? Für immer? Nur einmalig? Für einige Monate? Beim Dauerausscheider wurde dagegen bereits über Monate hinweg mehrmals der Kot untersucht, mit immer dem gleichen Ergebnis: das FCoV war jedes Mal im Kot nachweisbar.

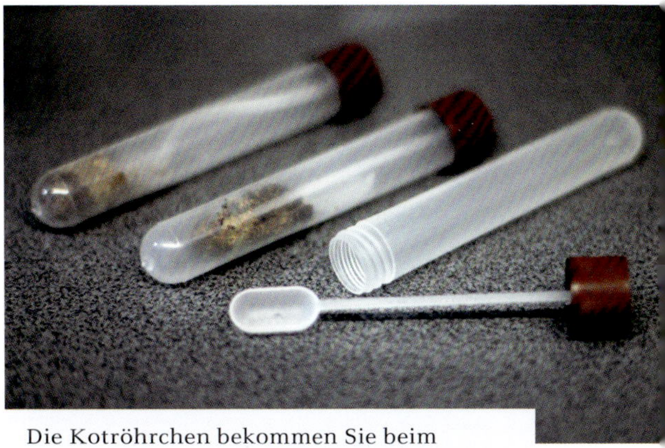

Die Kotröhrchen bekommen Sie beim Tierarzt oder in der Apotheke. Achten Sie während der Sammelphase über drei Tage darauf, dass der Kot zwischenzeitlich kühl gelagert wird. Vermeiden Sie, dass zu viel Katzenstreu dem Kot beigemischt ist.

Wie geht man vor?

Die zu untersuchende Kotprobe sollte über drei Tage gesammelt werden. Dazu entnehmen Sie jeden Tag eine Probe von etwa drei Milliliter aus der Katzentoilette, füllen sie in ein Kotröhrchen und legen sie in einer verschlossenen Plastiktüte in den Kühlschrank. Es sollte sich so wenig Katzenstreu wie möglich in der Probe befinden. Nach drei Tagen haben Sie drei Röhrchen mit Katzenkot, die Sie dann Ihrem Tierarzt zur Untersuchung auf das FCoV mittels PCR-Nachweis bringen. Beim eigenmächtigen Versand per Post ist dringend auf die Einhaltung der Vorschriften für den Versand von medizinischem Untersuchungsmaterial zu achten. Idealerweise überlassen Sie Ihrem Tierarzt den Versand an ein Untersuchungslabor. Im Falle eines positiven Befundes sollte innerhalb der nächsten Monate abgeklärt werden, ob nur eine vorübergehende Infektion vorliegt oder eine Dauerausscheidung. Sollte bei weiteren einmal im Monat durchzuführenden Kotuntersuchungen über fünf Monate alle Proben mit Viren behaftet sein, kann von einer Dauerausscheidung gesprochen werden. Die Wahrscheinlichkeit, dass die betroffene Katze das Virus lebenslang ausscheiden wird, ist groß. Sind dagegen fünf monatliche Proben in Folge ohne Virusnachweis, kann von einem Nicht-Ausscheider gesprochen werden. Ein Nicht-Ausscheider kann aber zum Ausscheider werden, wenn er sich erneut infiziert.

GEWEBEUNTERSUCHUNG

Gewebe sind alle körpereigenen Strukturen wie beispielsweise Organe, Gefäße und Bindegewebe. Nach der Entnahme von Gewebeproben können diese mikroskopisch und mit bestimmten Färbemethoden hinsichtlich krankhafter Veränderungen untersucht werden. Bei der FIP fallen bei der histologischen und zytologischen Betrachtung von Gewebestücken unter dem Mikroskop eine starke Blutgefäßentzündung und auch eine Entzündung um die Blutgefäße herum auf. Da jedoch auch andere Erkrankungen solche Veränderungen hervorrufen können, kann nur das Auffinden von Makrophagen mit darin eingeschlossenen Coronaviren aus Gewebeproben definitiv eine FIP-Erkrankung aussagen.

Warum Gewebeproben?

Der sichere Nachweis einer FIP gelingt nur mit Hilfe des Makrophagennachweises. In den Makrophagen befindet sich das mutierte Virus. Im Erguss sind meist genügend Makrophagen, dass ein solcher Nachweis im Falle einer FIP gelingen sollte. Ohne eine Ergussprobe gestaltet sich eine sichere Aussage hinsichtlich einer möglichen FIP-Erkrankung als schwierig. In Geweben wie beispielsweise der Leber kommen Makrophagen vor. Die Entnahme von Lebergewebe zur genaueren Untersuchung könnte die FIP-Diagnose sichern oder verwerfen.

Gefahr von Gewebeproben

Gewebeproben sind immer mit einem gewissen Risiko für die Katze verbunden. Da in der Regel die betroffenen Katzen sehr krank sind, sollte eine Sedation aufgrund des deutlich erhöhten Narkoserisikos nicht stattfinden. Eine erhöhte Blutungsneigung besteht bei den Katzen, die veränderte Leberwerte haben, sodass vor einer Biopsie immer die Blutgerinnungsparameter überprüft werden müssen. Gewebeproben im Rahmen der FIP-Diagnostik gehören nicht zur Routine und werden tatsächlich nur selten durchgeführt.

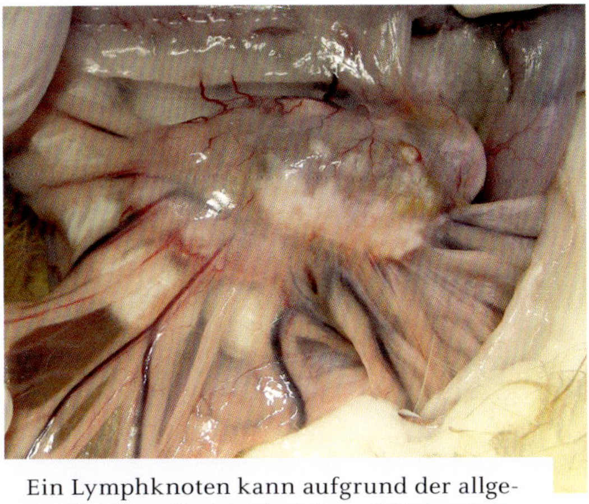

Ein Lymphknoten kann aufgrund der allgemeinen Entzündung bei einer FIP deutlich verändert sein. Meist ist aber ein Tumor die Ursache für vergrößerte Lymphknoten, wie beispielsweise das Maligne Lymphom.

Gewebeproben nach dem Tod

Häufig dagegen werden Organ- und Gewebeproben nach dem Versterben genommen, insbesondere dann, wenn Katzenhalter juristische Schritte gegen den Katzenverkäufer in Erwägung ziehen oder für sich Klarheit über die genaue Todesursache haben möchten. Diese Proben können durch den Tierarzt mit einem kleinen Schnitt entnommen werden, sodass Sie Ihre Katze danach auch bei sich zu Hause beerdigen können, wenn Sie das möchten.

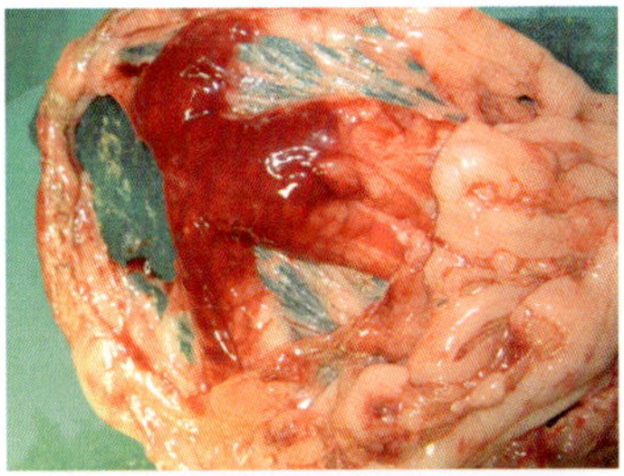

Das Große Netz, ein häutiges Gebilde in der Bauchhöhle, beherbergt viele Makrophagen und sollte im Falle von Entzündungen zu weiteren Untersuchungen herangezogen werden. Tumore sind dort aber auch möglich.

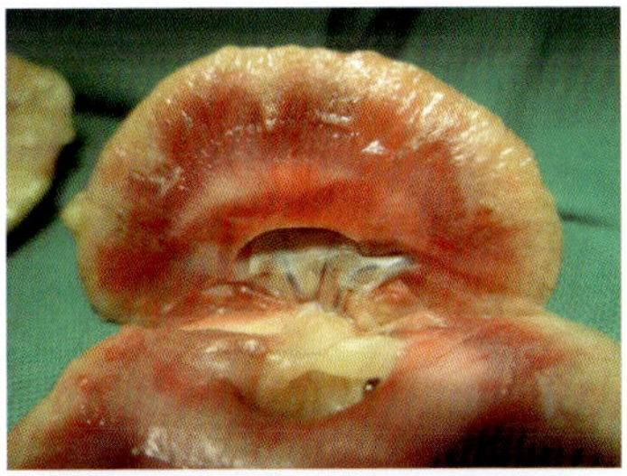

Nierenentzündungen können auch bei einer FIP vorkommen und münden letztendlich in Nierenversagen. Auch die Niere kann auf Makrophagen untersucht werden, sollte aber nicht als einzige Probe entnommen werden.

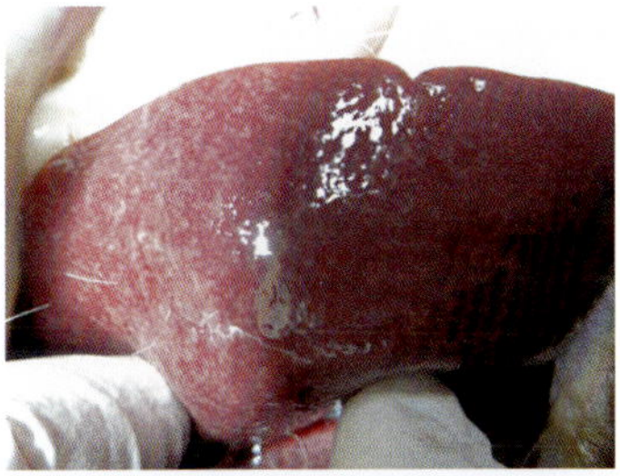

Die Leber ist sehr häufig von entzündlichen Veränderungen im Rahmen einer FIP betroffen. Aus diesem Grunde bekommen viele Katzen eine Gelbsucht. Lebergewebe sollte, wenn möglich, immer mit untersucht werden.

Prophylaxe

Infektionsvermeidung

Wenn wir uns über Vermeidungsmöglichkeiten der Krankheit Gedanken machen, müssen wir uns primär überlegen, wie die unter Katzen weit verbreitete Coronavirusinfektion eingedämmt werden kann. Ohne diese wird es auch keine FIP mehr geben. Kein anderer pathogener Erreger der Katze, Bakterien und Pilze eingeschlossen, kommt häufiger vor als das feline Coronavirus. Über keinen anderen Erreger der Katze wird in der tierärztlichen Praxis mehr gesprochen, geschimpft und geweint als über das feline Coronavirus. Warum infizieren sich so viele Katzen mit diesem Virus, ohne dass es uns gelingt, das einzudämmen? Wir wissen noch nicht alles über das Virus, aber zumindest soviel, dass wir den Kampf aufnehmen können und auch müssen.

Infektionswege ähneln sich

Wo kommt die Katze mit dem Coronavirus in Kontakt? Dies ist die alles entscheidende Frage, die sich betroffene Katzenhalter immer und immer wieder stellen. Wenn wir die Herkunft des Virus benennen können, dann sind wir auch in der Lage, die Weiterverbreitung des Virus zu verhindern. Zwei Beispiele aus der täglichen tierärztlichen Praxis sollen Ihnen die typischsten FIP-Szenarien einmal vorführen:

Berta, eine 8 Monate altes Persermädchen, wurde im Alter von 12 Wochen von einem Züchter gekauft. Bei ihrem neuen Frauchen wurde sie alleine gehalten. Sie hatte sich mit Berta erstmals den Wunsch nach einer Katze erfüllt. Auffällig bei Berta war der gelegentliche Durchfall, der sich aber immer nach einigen Tagen ohne medizinische Hilfe besserte. Mit 8 Monaten bekam sie plötzlich Fieber und einige Tage später einen dicken Bauch. Die Rivalta-Probe des Bauchpunktates war positiv, der Coronavirus-Antikörperiter betrug mehr als 1: 800, der Albumin-Globulin-Quotient lag bei 0,25. Als das Ergebnis der Makrophagenuntersuchung des Punktates mit dem Nachweis des FCoV eintraf, war Berta bereits tot.

Das zweite Beispiel: Susi und Fritz lebten seit 17 Jahren (seit ihrer Geburt) zusammen. Nachdem Fritz aufgrund eines bösartigen Tumors eingeschläfert werden musste, zog sich Susi mehr und mehr zurück, wirkte lethargisch und lustlos. Ein neuer Partner sollte neue Lebensfreude bringen. Ein dreijähriger Kater aus dem Tierheim wurde dazugesellt, es war Liebe auf den ersten Blick zwischen den beiden. Von Beginn an hatte der Kater Durchfall, der jedoch auf eine Futterunverträglichkeit zurückgeführt wurde. Eine Kotuntersuchung auf das FCoV wurde nicht durchgeführt. Nach 6 Monaten bekam Susi Fieber und einen dicken Bauch. Diagnose FIP. Diese wurde ebenfalls, wenn auch erst nach ihrem Tod, durch eine Gewebeprobe festgestellt. Dem Kater geht es gut, der Durchfall besteht weiterhin.

Der wichtigste Überträger des FCoV: die Katzentoilette. Die Infektion mit dem FCoV ist kein züchterspezifisches Problem. Überall dort, wo viele Katzen auf engem Raum zusammenkommen und sich Katzentoiletten teilen, kommt das Virus vor. So können neben den Züchtern und Tierheimen auch Katzenpensionen Überträger des Virus sein. Freilebende Katzen, selbst wenn sie draußen viele Kontakte zu Artgenossen pflegen, bekommen nur selten eine Infektion mit dem FCoV und somit auch nur sehr, sehr selten eine FIP. Warum? Sie kommen nicht mit dem Kot anderer Katzen in Kontakt. Auch wenn eine freilaufende Katze das Virus dauerhaft ausscheiden sollte, geht von ihr kaum eine Gefahr für andere Katzen aus, da sie ihren Kot vergräbt und keine andere Katze mit dem Kot in Berührung kommen wird. Die dauerausscheidende Katze hat aber auch selbst einen deutlichen gesundheitlichen Vorteil, wenn sie nicht die Katzentoilette benutzt, sondern ihr Geschäft im Freien erledigt: Die Gefahr, sich durch den eigenen Kot immer und immer wieder neu zu infizieren, ist im Freien deutlich geringer, als wenn sie eine nicht nach jedem Kotabsatz gereinigte Katzentoilette nutzen würde.

Hauptproblem Unwissenheit

Fast jeder Katzenhalter hat schon einmal etwas von der Erkrankung mit den drei Buchstaben gehört. Auch dass es sich dabei um eine Viruserkrankung handelt, ist allgemein bekannt. Auch glauben viele, dass es einfach Pech ist, wenn sich die Katze dieses Virus einfängt, und man sowieso nichts dagegen unternehmen kann. So einfach verhält es sich aber zum Glück nicht. Die Infektion mit dem FCoV kann in vielen Fällen verhindert oder zumindest das Risiko minimiert werden. Dazu bedarf es guter Aufklärungsarbeit von Katzenzüchtern, Tierheimen und Tierärzten.

Wo gibt es gesunde Katzen?

Die Bezeichnung gesund beschränkt sich in diesem Ratgeber ausschließlich auf das Nichtvorhandensein des FCoV. Alle anderen Infektionskrankheiten werden außer acht gelassen. Die Katze mit der geringsten Wahrscheinlichkeit einer FCoV-Infektion ist die, die seit Jahren alleine in der Wohnung lebt und keine Durchfälle aufweist, oder die Katze mit Freigang, die ausschließlich im Freien ihren Kot absetzt. Aber auch bei diesen beiden Katzen besteht die geringe Wahrscheinlichkeit, dass sie von Anfang an Dauerausscheider sind, jedoch ohne Krankheitssymptome zu entwickeln. Bei Katzen mit Freigang ist eine Beurteilung der Kotkonsistenz oder die Untersuchung einer Kotprobe meist nicht möglich. Katzenwelpen, die durch den Kontakt der Mutter mit einem streunenden Kater oder einem allein gehaltenen Deckkater gezeugt wurden, laufen ebenfalls wenig Gefahr einer FCoV-Infektion. Vorausgesetzt: Die

Mutterkatze ist kein Dauerausscheider. Was mache ich aber, wenn ich eine Katze mit definiertem Aussehen und Charakter von einem Rassekatzenzüchter haben möchte? Oder mir die Katze im Internet oder aus dem Tierheim besonders gut gefällt?

Katzenwelpen vom Züchter

Jeder, der sich dazu entschlossen hat, einen Katzenwelpen aufzunehmen, sollte sich dessen Herkunft genau anschauen. Übergaben an der Haustüre, auf Parkplätzen oder der Versand durch Kurierdienste sind strikt abzulehnen. Lassen Sie sich das Zuhause Ihrer potentiell neuen Katzen zeigen. Wo schläft sie? Wo isst sie? Was isst sie? Wie viele Katzen leben im Haushalt? Wie sieht die Katzentoilette aus und wie viele gibt es davon? All das gibt Ihnen einen ersten Eindruck.

Meist der erste Schritt auf dem Weg zu einer neuen Katze: Zeitungs- und Internetanzeigen werden durchforstet und Termine für die Katzenbesichtigung vereinbart. Die Bezeichnung coronavirusfrei liest man nur sehr selten in den Beschreibungen.

Was tun, wenn man sich in eine Katze aus dem Tierheim verliebt hat? Wie kann ich ausschließen, dass sie sich mit dem FCoV infiziert hat? Wie kann ich meine andere Katze schützen, wenn ich eine weitere dazuholen möchte? Oder soll ich das Risiko einer Zweitkatze meiden?

Haben Sie bereits jetzt ein ungutes Gefühl: Gehen Sie bitte wieder. Seriöse Züchter geben ihre Welpen in einem Alter von ca. 12 Wochen ab. Bereits einige Wochen zuvor haben die Interessenten die Möglichkeit, den Welpen ihrer Wahl zu besuchen. Wenn Sie wissen möchten, ob eine der Katzen beim Züchter das FCoV ausscheidet, fragen Sie ihn doch einfach. Wenn er verneint, dürfte er nichts dagegen einzuwenden haben, wenn Sie aus seiner Katzentoilette eine Probe entnehmen. Vielleicht könnten Sie ihn auch bitten, für Sie den Kot über drei Tage zu sammeln. Dabei spielt es bei mehreren Katzen keine Rolle, wer im positiven Fall das Virus ausscheidet. Wichtig für Sie ist, dass es ausgeschieden wird, und somit auch die Katze Ihrer Wahl vermutlich infiziert ist.

Durch die tierärztliche Untersuchung vor dem Kauf einer Katze können bereits im Vorfeld einige Erkrankungen erkannt werden. Die Infektion mit dem FCoV gehört allerdings nicht zu den offensichtlich erkennbaren Krankheiten, sodass sowohl Katzen mit einem positiven Antikörpertiter, von denen es ca. 4 Millionen Tiere in Deutschland gibt, als auch Dauerausscheider völlig gesund erscheinen.

Wenn sich die Katze jedoch erst innerhalb von zwei Wochen vor dem Antikörpertest infiziert hat, ist es möglich, dass noch keine ausreichenden Antikörper gebildet wurden, um ein positives Testergebnis anzuzeigen. Aufgrund der weiten Verbreitung des FCoV, insbesondere in Mehrkatzenhaushalten, ist es möglich, dass Sie lange nach einem Antikörper negativen Katzenwelpen suchen müssen. Aus der Erfahrung der täglichen Praxis ist leider deutlich zu erkennen, dass ein Großteil der Züchter Tests, egal ob es sich dabei um Kotuntersuchungen oder Antikörpertests handelt, strikt ablehnt. „Wenn Sie mir nicht trauen, dann müssen Sie sich eben wo anders eine Katze holen", ist die meistgeäußerte Aussage von Züchtern. Wir dürfen allerdings nicht den Fehler machen, Katzenwelpen mit einem positiven Antikörpertiter als krank zu bezeichnen. Auch kann Ihnen niemand verbieten, einen solchen Welpen bei sich aufzunehmen. Sie sollten sich allerdings

Mit Hilfe eines FCoV-Antikörpertests kann beim Katzenwelpen nachgewiesen werden, ob er bereits Kontakt zum Virus hatte. Bei Katzen mit einem negativen Antikörpertiter brauchen Sie in der Regel eine Infektion nicht zu befürchten. Der Test sollte bei Katzenwelpen erst ab der 10. Lebenswoche durchgeführt werden, denn selbst wenn sie zu diesem Zeitpunkt bereits mit dem Virus in Kontakt gekommen sind, ist es möglich, dass sie noch keine eigenen Antikörper gebildet haben. Erst ab der 10. Lebenswoche ist eine sichere Aussage hinsichtlich eigener Antikörper möglich.

Wer ernsthaft nach einer Katze sucht, die bisher keinen Kontakt zum FCoV hatte, darf sich von Äußerlichkeiten nicht täuschen lassen. Man kann keiner Katze die Infektion ansehen, es sei denn, das Virus mutiert und sie entwickelt eine FIP. Sprechen Sie das Thema Coronavirus beim Züchter ganz offen an, und entscheiden Sie selbst, ob eine Blut- oder Kotuntersuchung für Sie in Frage kommt und Ihnen bei der Entscheidung für oder gegen die Katze weiterhilft. Für die langfristige Eindämmung der Infektion ist es entscheidend, Coronavirusausscheider aus Katzenzuchten zu identifizieren und aus der Zucht zu nehmen.

dabei bewusst sein, dass ein gewisses Restrisiko sowohl hinsichtlich der Gesundheit des Welpen, als auch, wenn vorhanden, in Bezug auf die Gesundheit Ihrer zu Hause wartenden Katze besteht. Für Ihre andere Katze besteht allerdings nur dann ein Risiko, wenn der neue Welpe das Virus mit dem Kot ausscheidet. Der genaue Ablauf der Kotuntersuchung ist im entsprechenden Kapitel beschrieben. Haben Sie sich in einen Welpen verliebt, der das FCoV ausscheidet, und nehmen ihn gegen alle Vernunft bei sich auf, gilt es, Ihre andere Katze zu schützen. Wie dieser Schutz aussehen kann, lesen Sie im nächsten Kapitel Hygiene. Bedenken Sie aber, dass es niemals einen 100%igen Schutz geben kann, auch wenn Sie noch so viel Mühe walten lassen. Die tierärztliche Empfehlung lautet, keine das FCoV ausscheidende Katze mit einer anderen das Virus nicht ausscheidenden Katze zusammenzuführen. Inwieweit die Vergesellschaftung zweier Virenausscheider sinnvoll ist, darüber lässt sich streiten.

Katzen aus dem Tierheim

Tierheime haben mit allerlei Erkrankungen zu kämpfen: Katzenaids, Leukose, Katzenschnupfen und Katzenseuche, um nur einige zu nennen. Dort ist ein ständiges Kommen und Gehen von Tieren, oft verbunden mit Personalnot, Geldsorgen und Platz- und Zeitmangel. Auch wenn fast alle Erkrankungen bei Katzen im Tierheim diagnostiziert und therapiert werden können, und sich dort auch in der Regel alle Mitarbeiter mit viel Herzblut engagieren, so ist es wieder das Coronavirus, was das Leben der Katzen erschwert. Gerade in Tierheimen, wo viele Katzen unterschiedlicher Herkunft und Alter auf engem Raum zusammenleben und sich mehrere Katzen wenige Katzentoiletten teilen, ist zu vermuten, dass überdurchschnittlich viele Katzen Dauerausscheider sind, oder sogar eine FIP entwickeln. Dem ist aber nicht so. Katzen aus Tierheimen werden nicht häufiger zum Dauerausscheider, oder sterben häufiger an FIP als Katzen vom Züchter. Aus organisatorischen Gründen ist es im Tierheim meist nicht möglich, FCoV-negative Tiere von den positiven zu trennen. Eine dritte Gruppe stellen die Ausscheider dar, die sich nochmals in die vorübergehenden und dauerhaften Ausscheider unterteilen.

Regelmäßige Kot- und Blutuntersuchungen wären bei allen Katzen nötig, um die Gruppen immer nach dem aktuellen Gesundheitszustand zusammenzustellen. Egal, ob Sie eine Katze aus dem Tierheim oder vom Züchter bei sich aufnehmen möchten, eine Ansteckungsgefahr für andere Katzen besteht nur, wenn das Virus ausgeschieden wird. Ein positiver Antikörpertest sagt nichts über den weiteren Verlauf des Lebens Ihrer Katze aus. In den meisten Fällen wird die Katze trotz positivem Coronavirustest keine Krankheitssymptome entwickeln, manche bekommen Durchfall, andere werden zum Dauerausscheider, und ein kleiner Prozentsatz wird an einer FIP versterben.

Richtiges Vorgehen

Über das richtige Vorgehen bei der Katzenauswahl kann gestritten werden. Während die einen die Gefahr einer FIP-Entstehung eher gering einschätzen, halten andere das Coronavirus für eine ernsthafte Gefahr für unsere Katzen. Das muss letztendlich jeder für sich selbst entscheiden. Insbesondere aus der Sicht eines Tierarztes, der sich ausschließlich mit Katzen beschäftigt, ist die FIP eine häufig gesehene Erkrankung. Viel häufiger als die FIP an sich tritt jedoch die Begleiterkrankung in Erscheinung, die mit einer FCoV-Infektion einhergehen kann: immer wiederkehrender Durchfall oder sogar Dauerdurchfall. Wer das Risiko einer FCoV-Infektion bei der Auswahl einer Katze so gering wie möglich halten will, sollte einige Dinge beherzigen:

Katzen oder Katzenwelpen ohne Antikörper gegen das FCoV können guten Gewissens gekauft werden.

Ausnahme 1: Wenn die Welpen beim Test jünger als 10 Wochen waren, sollte der Test frühestens in einem Alter von 10 Wochen wiederholt werden. Vor dem Erreichen der 10. Lebenswoche kann es sein, dass die Katze noch keine eigenen Antikörper produziert hat. **Ausnahme 2:** Wenn sich die Katze in den letzten zwei Wochen vor dem Test an FCoV- Kot infiziert haben sollte, kann es sein, dass zum Testzeitpunkt noch keine Antikörper im Blut nachweisbar sind. Sollten sich nach zwei Wochen der Quarantäne, in denen die Katze keinen Kontakt zu anderen Katzen haben darf, immer noch keine Antikörper gebildet haben, dürfte die Wahrscheinlichkeit einer FCoV-Infektion sehr gering sein.

Die Anschaffung einer Katze ist meist keine Kopf- sondern eine Gefühlssache. Wer sich erst einmal in eine Katze verliebt hat, denkt nur selten an die möglichen Risiken für die neue als auch für die bereits vorhandene Katze. Das Ansprechen im Tierheim oder beim Züchter auf FCoV, Antikörper und FIP erscheint vielen Katzeninteressenten unpassend und unangenehm.

Katzen oder Katzenwelpen mit positivem Antikörpertiter können guten Gewissens gekauft werden, wenn...

Ausnahme 1: ... Sie das Risiko akzeptieren, dass Ihre neue Katze FIP entwickelt und auch die bei Ihnen bereits lebende Katze mit dem FCoV infiziert.

Ausnahme 2: ...Sie durch mehrmalige Kotuntersuchungen ausschließen können, dass Ihre neue Katze das FCoV ausscheidet, und somit sich und andere Katzen im gleichen Haushalt nicht immer wieder aufs Neue infiziert.

Eine Antikörper-positive Katze sollte, bevor sie mit anderen Katzen vergesellschaftet wird, mehrmals auf eine FCoV-Ausscheidung mit dem Kot untersucht werden.

HYGIENE

Wenn alle das FCoV ausscheidenden Katzen alleine gehalten und sich nicht mehr fortpflanzen würden, gäbe es nach 20 Jahren kaum noch Katzen mit einer FCoV-Infektion. Da dies aber voraussetzt, dass alle Katzen in menschlicher Obhut hinsichtlich einer Ausscheidungsproblematik mehrmals getestet werden müssten, ist von einer solchen Idealsituation in naher Zukunft nicht auszugehen. Insbesondere Katzenhalter ohne Zuchtambitionen sehen sich mit einem gesundheitlichen Risiko ihrer Katzen konfrontiert, wenn in ihrem Haushalt mit mehr als einer Katze mindestens eine von ihnen das FCoV dauerhaft oder auch nur vorübergehend ausscheidet.

Ohne Kot kein FCoV

Was tun, wenn Sie eine das Virus ausscheidende Katze haben, und eine zweite, die das Virus nicht ausscheidet? Die Gefahr, dass die zweite Katze ebenfalls zum Dauerausscheider wird ist gegeben. Ebenso ist es möglich, dass die zweite Katze auch ohne das Virus auszuscheiden an einer FIP stirbt. Aber auch der Dauerausscheider kann an einer FIP versterben. Da der Hauptübertragungsweg der Kot darstellt, müssen die Katzen vor diesem geschützt werden. Es muss sowohl der Dauerausscheider vor seinem eigenen Kot, als auch die gesunde Katze vor dem fremden Kot geschützt werden. Im Idealfall gäbe es eine Katzenstreu, die das Virus direkt beim Kotabsatz in der Katzentoilette zu 100 % eliminiert. Diese Streu gibt es aber leider nicht. Würden die in unserem Beispiel erwähnten Katzen zu Hause gar keine Toilette benutzen, sondern ihren Kot im Freien verscharren, wäre dies ebenfalls ein guter Weg der Infektionsvermeidung. Was aber tun, wenn beide Katzen die Wohnung oder das Haus nicht verlassen? Jede Katze sollte eine eigene Toilette haben, darüber hinaus sollte eine weitere zur Verfügung stehen. Inwieweit dann die Katzen die ihnen zugeordnete Toilette auch nutzen, ist fraglich. Meist nutzen Katzen die Toilette willkürlich, ohne sich an eine bestimmte Zuordnung zu halten. Die Katzentoiletten sollten in unterschiedlichen Räumen stehen und nicht in der Nähe von Ess- und Trinkplätzen. Nach jedem Kotabsatz sollte der Kot der Virus-ausscheidenden Katze entfernt werden. Es gibt sogenannte selbstreinigende Katzentoiletten, die nach jeder Benutzung die verunreinigte Katzenstreu automatisch entfernen und in einem separierten Fach bis zur Entsorgung zwischenlagern. Was ursprünglich

Einige Katzen haben gelernt, die menschliche Toilette zu benutzen. Auch dies ist sicherlich eine gute Möglichkeit, den Kontakt zum Virus zu minimieren. Ideal wäre es, wenn die Katze auch noch die Spülung betätigen könnte.

als Arbeitserleichterung für den Katzenhalter gedacht war, entpuppt sich als gutes Instrumentarium, den abgesetzten Kot einer Katze unmittelbar nach dem Toilettenbesuch zu entsorgen. Insbesondere für berufstätige Katzenhalter, die nicht jeden Toilettengang direkt verfolgen können, bietet sich eine solche Toilette an. Erkundigen Sie sich im Internet oder Fachhandel nach aktuellen Modellen. Idealerweise wird der herausgefilterte Kot weitestgehend luftdicht in einem gesonderten Behältnis der automatischen Toilette gesammelt. Katzentoiletten von FCoV-Ausscheidern sollten mindestens einmal die Woche vollständig geleert und mit neuer Streu gefüllt werden. Da das FCoV ein hitzelabiles Virus ist, das allerdings bis zu sieben Wochen bei Raumtemperatur in angetrocknetem Kot seine Infektionsfähigkeit erhalten kann, sollte die Toilette auch einmal die Woche vollständig gereinigt und heiß abgewaschen werden. Wer die Möglichkeit hat, seinen Katzen verschließbare Räume mit Katzentoiletten zur Verfügung zu stellen, kann in die Türen Katzenklappen einbauen, die sich nur öffnen, wenn die richtige Katze davorsteht. Dafür müssten allerdings alle Katzen einen Transponder, auch Chip genannt, unter die Haut implantiert bekommen. So kann immer nur eine Katze die ihr zugeordnete Toilette benutzen. Eine Übertragung der Viren über den Kot wäre ausgeschlossen, es sei denn, die infizierte Katze hat Kotreste im Fell oder an den Pfoten.

In der Praxis erprobt: Bereits einige betroffene Katzenhalter haben erfolgreich mit Hilfe unterschiedlich programmierter Katzenklappen erreicht, dass ihre Katzen nur noch eine bestimmte Toilette benutzen.

THERAPIE

Derzeit gibt es leider keine Therapie gegen die FIP. Sobald das FCoV mutiert und seine Verbreitung im Körper mit Hilfe der Makrophagen antritt, nimmt die Erkrankung unaufhaltsam ihren Lauf. Am Ende wird die Katze den Kampf gegen das Virus verlieren. In der Vergangenheit wurden viele Medikamente eingesetzt, um FIP-infizierten Katzen zu helfen. Diese Präparate gehörten meist den Gruppen der Antibiotika, Immunsuppressiva und Immunstimulatoren an.

Gelegentlich erhellen Forschungsberichte über die erfolgreiche Behandlung der FIP die Gemüter von Katzenhaltern, Wissenschaftlern und Tierärzten. Meist jedoch nicht lange, da die erfolgreichen Therapieversuche bei nur sehr wenigen Katzen durchgeführt wurden, ohne Kontrollgruppen zum direkten Vergleich und oft auch ohne bestätigte FIP-Diagnose. Egal, ob es die Gabe von humanem oder felinen Interferon, Prednisolon, oder Ozagrelhydrochlorid war, im Idealfall haben die Katzen nicht mehr als einige Wochen länger gelebt als die der Kontrollgruppe. Derzeit laufen einige Studien bezüglich der FIP-Therapie, mit noch offenem Ausgang. Die Immunstimulanz Polyprenyl steht derzeit im Fokus der FIP-Bekämpfung. Bis endgültige Forschungsergebnisse präsentiert werden, kann es aber noch dauern. Sollte eines Tages der Durchbruch geschafft und ein wirksames Präparat gegen das mutierte Virus oder das FCoV im Allgemeinen gefunden worden sein, wird sich diese Nachricht rasant verbreiten, sodass niemand befürchten muss, darüber nicht informiert zu werden. Bis es jedoch so weit ist, stellt das Mittel der Wahl zur Linderung der Symptome und Verlängerung der Überlebenszeit das Glukokortikoid Prednisolon dar. Auch wenn es derzeit leider kein wirksames Mittel zur Bekämpfung des mutierten FCoV gibt, so kann dennoch wirksam gegen das FCoV vorgegangen werden. Insbesondere auf Katzenzüchter kommt hierbei eine verantwortungsvolle Aufgabe zu. Viele Katzenzüchter wissen nicht, dass sie Dauerausscheider bei sich in der Zucht einsetzen

Wer seinen Katzen das Prädikat CORONA-VIRUSFREI verleihen kann, hat meist viel Arbeit, Geld und Herzblut investiert. Aber nur so kann dauerhaft eine Verbesserung der derzeitigen Situation erreicht werden.

und die, die es wissen, versuchen oft vergeblich, das Virus bei sich in der Zucht zu eliminieren. Es ist keine leichte und auch keine kostengünstige Aufgabe, das Virus zu beseitigen, dafür aber eine langwierige. Mit guter Beratung und konsequentem Willen kann eine betroffene Zucht frei vom Coronavirus werden. Dies setzt allerdings auch voraus, dass Schnäppchenpreise für Katzen der Vergangenheit angehören. Es ist unseren Katzen sehr zu wünschen, dass in Zukunft die hohe Anzahl an Infektionen rückläufig wird, und das Feline Coronavirus in einigen Jahren zu den seltenen Erkrankungen gezählt werden kann.

IMPFUNG

Nach Einschätzung des Robert-Koch-Instituts, eines der Bundesinstitute für Infektionskrankheiten und nicht übertragbare Krankheiten, gehören Impfungen zu den wichtigsten und wirksamsten präventiven Maßnahmen, die in der Medizin zur Verfügung stehen, um den Geimpften vor einer ansteckenden Krankheit zu schützen. Dies gilt nicht nur für den Menschen, sondern auch für unsere Katzen. Keine Impfung kann einen 100 % sicheren Schutz vor Infektionen bieten, dennoch ist in vielen Fällen gerade bei Katzen mit Kontakt zu anderen Katzen eine Impfung dringend empfohlen. Dabei muss bei jeder Katze individuell über die tatsächliche Notwendigkeit einer Impfung entschieden werden.

FIP-Impfung ist keine FIP-Impfung

So wie der FIP-Test kein Test zum Nachweis einer FIP ist, so ist auch die FIP-Impfung keine Impfung zur Verhinderung der FIP. Es handelt sich bei der FIP-Impfung lediglich um einen möglichen Infektionsschutz gegen das Feline Coronaviurs, auch wenn der Packungsaufdruck des Impfstoffes etwas anderes vermuten lässt. Bei dem Impfstoff handelt es sich um einen attenuierten, lebenden Coronavirus-Impfstoff. Eine Attenuation ist die gezielte Verminderung von krankmachenden Eigenschaften, ohne die Vermehrungsfähigkeit des zu impfenden Erregers deutlich zu beeinträchtigen. Der FIP-Impfstoff beinhaltet demnach in ihrer krankmachenden Eigenschaft herabgesetzte, vermehrungsfähige feline Coronaviren. Der Impfstoff wird nicht wie bei anderen Impfstoffen üblich unter die Haut injiziert, sondern mit Hilfe einer Pipette in die Nase geträufelt. Die erste Impfung sollte erst ab der 16. Lebenswoche erfolgen, die zweite Impfung ist drei Wochen nach der ersten zu wiederholen.

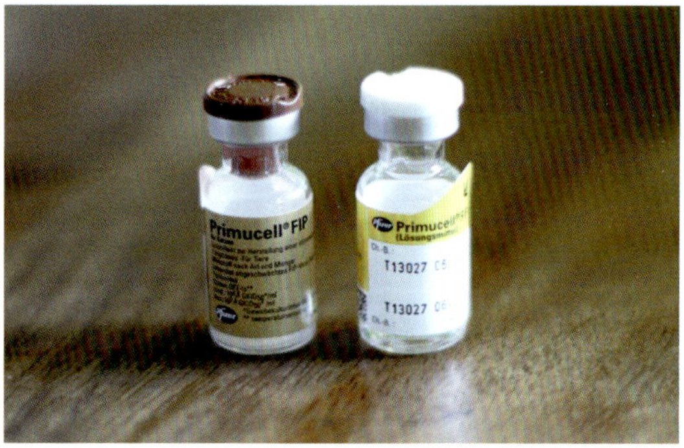

Eine jährliche Auffrischungsimpfung wird vom Hersteller empfohlen. Es dürfen nur gesunde Katzen geimpft werde. Tragende Katzen sollten von der Impfung ausgeschlossen werden. Über die Wirksamkeit der Impfung gegen das feline Coronavirus wird viel geschrieben, insbesondere dann, wenn trotz Impfung eine Infektion stattfindet und sich eine FIP entwickelt. Fest steht, dass die Impfung je nach Situation nicht geeignet ist, um möglicherweise empfängliche Katzen in einem gemischtaltrigen Mehrkatzenhaushalt, wie Tierheime, Katzenzuchten und privaten Haltungen ohne Zuchtabsicht, bei hohem Infektionsdruck vor einer FIP zu schützen.

Es sollten ausschließlich Katzen geimpft werden, die noch keinen Kontakt zum Coronavirus hatten, also einen negativen FCoV-Antikörpertiter aufweisen. Da ein Impfschutz bei Katzen, die bereits Kontakt zu Coronaviren hatten, nicht gegeben ist, brauchen FCoV-Antikörper-positive Katzen nicht geimpft werden. Bei FCoV-Antikörper-negativen Katzen kann das Auftreten einer FIP eventuell zu einem gewissen Prozentsatz reduziert werden. Die Wirksamkeit der Impfung ist daher generell als fraglich anzusehen.

Anwendung der Impfung

In der tierärztlichen Praxis wird diese Impfung nur selten verwendet. Abgesehen von der fraglichen Wirksamkeit des Impfstoffes, kommt die Hälfte der Katzen in Deutschland aufgrund ihres positiven FCoV-Antikörpertiters für eine Impfung nicht in Frage. Ein Großteil der anderen Hälfte der Katzen ist entweder jünger als 16 Wochen oder läuft keine Gefahr, sich mit dem FCoV zu infizieren. Einige Katzenpensionen schreiben zur Aufnahme der Katze die Impfung vor, jedoch ohne sich einen Antikörpertiter auf das FCoV vorlegen zu lassen. Wer seine FCoV-Antikörper-negative Katze in eine Katzenpension mit Gruppenhaltung gibt, kann seine Katze zuvor mit der Coronavirus-Impfung impfen lassen. Die Wahrscheinlichkeit, dass die Impfung einen ausreichenden Schutz gegen eine Infektion mit dem FCoV bietet, ist jedoch gering, vor allem wenn ein hoher Infektionsdruck vorliegt.

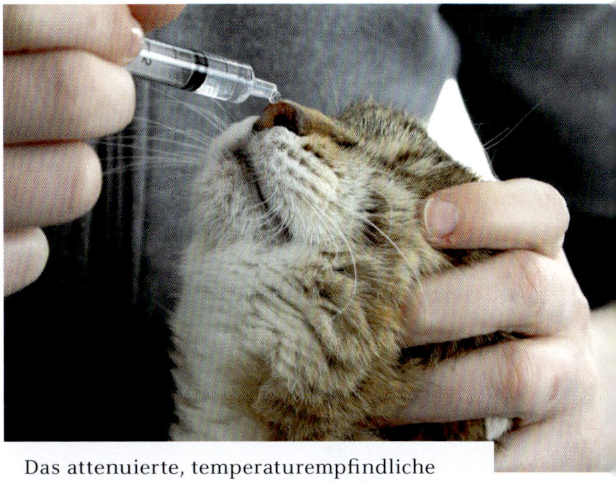

Das attenuierte, temperaturempfindliche Virus der Impfung kann sich nur bei einer Temperatur von 31° C vermehren, also nur unter Bedingungen, wie sie im oberen Atemtrakt vorherrschen. Bei höheren Temperaturen, wie sie im Körperinneren vorkommen, sollte sich das Impfstoff-Virus nicht vermehren können.

Fragen

Die acht häufigsten Fragen zur FIP aus der täglichen Praxis

Sollte man bei einer neuen Katze einen FIP-Test machen, um zu schauen, ob sie gesund ist?

Zunächst einmal gibt es keinen FIP-Test, sondern nur ein Test auf das Vorliegen von Antikörpern gegen das FCoV. Ein positiver Titer gibt uns keine Auskunft darüber, ob die Katze krank ist, das Virus ausscheidet oder ausscheiden wird, oder sogar eine FIP entwickelt. Wer kein Risiko eingehen möchte, sollte bei der Anschaffung einer Katze den Coronavirus-Antikörpertiter aus dem Blut bestimmen lassen, aber erst ab einem Alter von 10 Wochen. Wenn dieser dann negativ ist, könnte er im Verlauf der nächsten zwei Wochen positiv werden, wenn sich die Katze erst kurz vor der Blutentnahme mit dem Virus infiziert hat. Wer also weitestgehend sicher gehen möchte, dass seine neue Katze definitiv keine Infektion durchläuft, sollte auch nach einem negativen Antikörpertest die Katze für zwei bis drei Wochen ohne Kontakt zu anderen Katzen halten, und dann nochmals den FCoV-Antikörpertest durchführen lassen. Insbesondere wenn die Gefahr besteht, bereits im Haushalt lebende Katzen durch die Zuführung einer weiteren Katze gesundheitlich zu gefährden, sollte ein solcher Test durchgeführt werden.

Sollte meine Katze mit Freigang eine FIP-Impfung erhalten?

Insbesondere Katzen mit Freigang werden sehr selten mit Coronaviren konfrontiert. Aufgrund ihres besonderen Kotabsatzverhaltens, bei dem der Kot meist vergraben und diese Stelle nicht erneut aufgesucht wird, kommen sie weder mit ihrem eigenen und auch nicht mit dem Kot anderer Katzen in Kontakt. Eine Katze mit Freigang braucht also nicht besonders gegen eine Coronavirus-Infektion mit einer Impfung geschützt werden.

Meine Katze hat einen positiven FIP-Test – und nun?

Ein positiver Antikörpertest auf das FCoV sagt nichts aus. Die Frage ist: Warum haben Sie einen solchen Test durchführen lassen?

Haben Sie eine neue Katze testen lassen, die Sie bei sich aufnehmen möchten? Zeigt Ihre Katze FIP-typische Symptome, wie einen dicken Bauch, Gelbsucht und Fieber? Oder war das Testergebnis ein Zufallsbefund im Rahmen einer Gesundheitsvorsorge? Eine Katze mit einem positiven Antikörpertest kann tatsächlich FIP haben, sie kann aber auch bereits das Virus erfolgreich aus ihrem Körper beseitigt haben, und nur die Antikörper sind noch vorhanden. Nach einer Impfung gegen das Coronavirus können ebenfalls Antikörper im Blut vorhanden sein, sodass auch eine geimpfte Katze einen positiven FIP-Test hat.

Meine Katze scheidet das Coronavirus im Kot aus. Was kann ich dagegen tun?
Nicht viel, außer die Toilettenhygiene zu beachten. Sie müssen versuchen, Ihre Katze von ihrem eigenen Kot fernzuhalten. Das heißt, die Katzentoilette sollte so oft wie möglich gereinigt werden. Im Idealfall erledigt eine Virus ausscheidende Katze ihren Toilettengang im Freien, denn dabei läuft sie am wenigsten Gefahr, sich und andere Katzen immer wieder zu infizieren. Bei mindestens einer weiteren Katze im gleichen Haushalt ohne Freigang besteht die Gefahr, dass sich auch diese mit dem Virus infiziert. Stellen Sie mehrere Toiletten auf, vielleicht ist es sogar möglich, jeder Katze eine oder sogar zwei Toiletten zuzuordnen. Vermeiden Sie bei der betroffenen Katze Stress und bringen Sie sie nicht mit anderen Katzen, z.B. in einer Katzenpension, zusammen.

Darf meine infizierte Katze nach draußen?
Hier lautet die Gegenfrage: Mit was infiziert? Ist sie mit dem FCoV infiziert und hat einen positiven Antikörpertiter, darf sie selbstverständlich ins Freie. Ca. 50 % aller Katzen in Deutschland hatten schon einmal Kontakt zum FCoV und sind dementsprechend FCoV-Antikörper-positiv. Scheidet Sie das Virus aus, ist es sogar ratsam, sie nach draußen zu lassen, jedoch sollte sie nicht dazu gezwungen werden. Eine Katze mit einer FIP-Infektion möchte meist nicht mehr nach draußen, da es ihr in der Regel zusehends schlechter geht. Geht es der Katze sehr schlecht, ist es möglich, dass sie sich im Freien einen Platz zum Sterben sucht, und Sie Ihre Katze dann nicht wiederfinden. Eine tatsächlich an FIP erkrankte Katze sollte, wenn es ihr schlecht geht, besser bei Ihnen in der Wohnung oder im Haus bleiben.

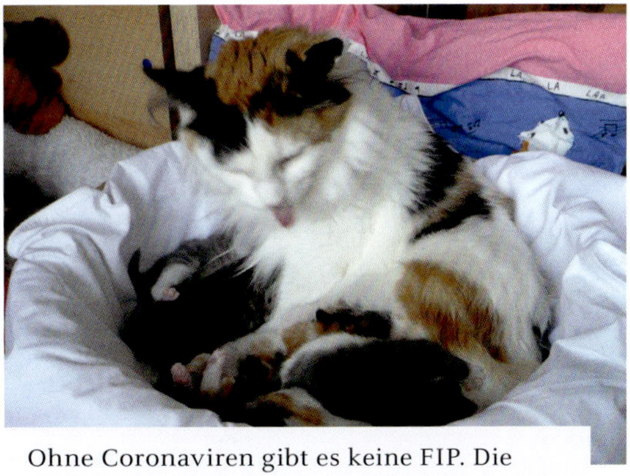

Ohne Coronaviren gibt es keine FIP. Die meisten Katzen infizieren sich in den ersten Lebenswochen bei ihrer Mutter oder am Kot anderer im Haushalt lebender Katzen.

Meiner Katze geht es gut, sie hat aber einen dicken Bauch und alles deutet auf eine FIP hin. Soll ich sie sofort einschläfern lassen?
Nein! Erst wenn alle Therapieversuche keinen Erfolg zeigen und die Lebensqualität Ihrer Katze derart gesunken ist, dass es für sie kein lebenswerter Zustand mehr ist, sollte sie erlöst werden. Es gibt tatsächlich Ausnahmefälle, bei denen Katzen mit nachgewiesener FIP, die bereits einen Erguss in der Bauchhöhle haben, noch einige Wochen weitestgehend glücklich und zufrieden leben konnten. Meist geht es den betroffenen Katzen aber recht schnell zusehends schlechter, sodass eine Erlösung erfolgen muss. Nur die wenigsten Katzen lassen sich eine FIP nicht anmerken, die meisten sehen sehr mitgenommen und leidend aus.

Meine Katze ist an FIP gestorben. Wann kann ich eine neue Katze ohne Risiko bei mir aufnehmen?
FIP ist nicht ansteckend, zumindest nicht unter den normalen Lebensbedingungen einer Katze. Eine an FIP erkrankte Katze scheidet kein mutiertes Virus aus, sondern lediglich das normale FCoV. Dieses kann bei Raumtemperatur bis zu 7 Wochen infektiös bleiben. Sollten sich irgendwo noch Kotreste von der an der FIP verstorbenen Katze befinden, wäre eine FCoV-Infektion möglich. Eine Reinigung der Futter- und Wassernäpfe, Schlafdecken und Katzentoilette ist also zwingend erforderlich. Um letztendlich kein Risiko einzugehen, dass nicht doch noch irgendwo Virus zurückbleibt, sollte mindestens 7 Wochen gewartet werden, bis eine neue Katze einzieht.

Milow wurde im Mai 2011 geboren. Im Dezember 2012 ging es ihm plötzlich sehr schlecht. Diagnose: FIP. Er musste aufgrund seines Leidens recht schnell erlöst werden.

Wie kann ich verhindern, dass meine Katze eine FIP bekommt?
Wenn Ihre Katze sich mit dem FCoV infiziert hat, bleibt nur zu hoffen, dass es zu keiner Virusmutation und somit zu einer FIP kommt. Stressvermeidung und kein weiterer Virenkontakt sind erst einmal alles was Sie tun können. Um ganz sicher zu sein, dass Ihre Katze keine FIP entwickelt, müssen Sie zunächst ganz sicher sein, dass sie keinen Kontakt zum FCoV hat. Eine Katze mit negativem FCoV-Antikörpertiter im Blut hat mit sehr hoher Wahrscheinlichkeit bisher keine Infektion durchlaufen, es sei denn, sie hat kurz vor der Blutprobe stattgefunden und Antikörper wurden noch nicht gebildet. Nach zwei bis drei Wochen sollte bei einer FCoV-negativen Katze erneut ein Test durchgeführt werden, es sei denn, sie hat bisher alleine gelebt. Dann gilt ein einmaliger Test als ziemlich sicher.

Register

Risiken der Homöopathie bei Katzen

Homöopathie für Katzen – sanfte Medizin ohne Risiken und Gefahren.

Die Realität sieht jedoch leider anders aus. Dabei ist meist nicht das gewählte Präparat der Auslöser allen Übels, sondern die Unterschätzung oder Fehlinterpretation der durch den Katzenhalter wahrgenommenen Symptome. Dr. Streicher, Fachtierarzt in eigener Katzenpraxis, geht sogar noch einen Schritt weiter: Er vermutet, dass derzeit mehr Katzen an der Homöopathie Schaden nehmen, als dass ihnen damit geholfen wird.

Erstmalig erscheint nun ein homöopathiekritischer tiermedizinischer Ratgeber, der nicht die Methode an sich, sondern deren laxe Handhabung scharf kritisiert.

An vielen Beispielen aus der Praxis werden dem homöopathieinteressierten Katzenhalter die Schwierigkeiten der Diagnosefindung aufgezeigt und Hilfen zur Selbsteinschätzung des Gesundheitszustandes seiner Katzen gegeben.

128 Seiten, 16,95 € (D)
ISBN 978-3-944431-04-8
Erscheinungstermin 01.10.2013

fachlich
sachlich
kompetent

Infektionsgefahr Katze

Katzen können krank machen.

Auch wenn sie sich uns Menschen nicht unterordnen, so besteht doch in der Regel ein enger und inniger Kontakt zu ihnen. Daraus ergibt sich zwangsläufig das Risiko der Krankheitsübertragung, sei es durch die täglichen Streicheleinheiten, durch Bisse und Kratzer oder nur durch das unbedachte Reinigen der Katzentoilette. Die meisten von der Katze auf den Menschen übertragbaren Erkrankungen sind nicht lebensbedrohlich. Es gibt jedoch auch Ausnahmen, die zu ernsthaften gesundheitlichen Problemen führen können. Dieser kleine Ratgeber möchte Ihnen die häufigsten und wichtigsten Erreger, sowie die Möglichkeiten zur Infektionsvermeidung und zum schnellen und sicheren Erkennen einer Erkrankung bei sich selber und der Katze aufzeigen.

Für schwangere Katzenhalterinnen, oder solche, die es werden möchten, beinhaltet das Kapitel Toxoplasmose alles Wichtige rund um die möglichen Gefahren und die Vermeidung einer Toxoplasmoseinfektion.

65 Seiten, 8,98 € (D), 9,20 € (A)
ISBN 978-3-944431-03-1
Erscheinungstermin 01.08.2013

antheon

Impressum

Antheon Verlag e K
Fischbachstrasse 10 a
61440 Oberursel

Telefon 06171-6981892
Fax 06171-6981891
info@antheon.de
www. antheon.de

Lektorat: Hanna Teichler, M.A.
Gestaltung: Markus Rühl
Fotos: Anna Kuhn
ausser Titel und Seite 11: shutterstock.com

Druck: freiburger graphische
betriebe GmbH & Co. KG

Bibliographische Informationen der Deutschen Bibliothek
Die Deutsche Bibliothek verzeichnet diese Publikation in der Deutschen Nationalbibliographie; detaillierte bibliographische Daten zu diesem Werk sind im Internet unter http://dnb.ddb.de abrufbar.